T0193322

Motorsteuerung lernen

Die Steuerung moderner Otto- und Dieselmotoren macht einen stetig steigenden Anteil an Fahrzeugelektronik erforderlich, um die hohen Forderungen nach einer Reduzierung der Emissionen zu erfüllen. Um die Funktion der Fahrzeugantriebe und das Zusammenwirken der Komponenten und Systeme richtig zu verstehen, ist daher ein Fundus an Informationen von deren Grundlagen bis zur Arbeitsweise erforderlich. In diesem Heft „Ottomotor-Management kompakt" stellt *Motorsteuerung lernen* die zum Verständnis erforderlichen Grundlagen bereit. Es bietet den raschen und sicheren Zugriff auf diese Informationen und erklärt diese anschaulich, systematisch und anwendungsorientiert.

Weitere Bände in der Reihe http://www.springer.com/series/13472

Konrad Reif

(Hrsg.)

Ottomotor-Management kompakt

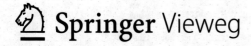

Springer Vieweg

Hrsg.
Konrad Reif
Duale Hochschule Baden-Württemberg Ravensburg
Campus Friedrichshafen
Friedrichshafen, Deutschland

ISSN 2364-6349
Motorsteuerung lernen
ISBN 978-3-658-27863-2

Die Deutsche Nationalbibliothek verzeichnet diese Publikation in der Deutschen Nationalbibliografie; detaillierte bibliografische Daten sind im Internet über http://dnb.d-nb.de abrufbar.

Verantwortlich im Verlag: Markus Braun
Springer Vieweg ist ein Imprint der eingetragenen Gesellschaft Springer Fachmedien Wiesbaden GmbH und ist ein Teil von Springer Nature
Die Anschrift der Gesellschaft ist: Abraham-Lincoln-Str. 46, 65189 Wiesbaden, Germany

Vorwort

Die beständige, jahrzehntelange Vorwärtsentwicklung der Fahrzeugtechnik zwingt den Fachmann dazu, mit dieser Entwicklung Schritt zu halten. Dies gilt nicht nur für junge Leute in der Ausbildung und die Ausbilder selbst, sondern auch für jeden, der schon länger auf dem Gebiet der Fahrzeugtechnik und -elektronik arbeitet. Dabei nimmt neben den klassischen Gebieten Fahrzeug- und Motorentechnik die Elektronik eine immer wichtigere Rolle ein. Die Aus- und Weiterbildungsangebote müssen dem Rechnung tragen, genauso wie die Studienangebote.

Der Fachlehrgang „Motorsteuerung lernen" nimmt auf diesen Bedarf Bezug und bietet mit zehn Einzelthemen einen leichten Einstieg in das wichtige und umfangreiche Gebiet der Steuerung von Diesel- und Ottomotoren. Eine fachlich fundierte und anwendungsorientierte Darstellung garantiert eine direkte Verwertbarkeit des Fachlehrgangs in der Praxis. Die leichte Verständlichkeit machen den Fachlehrgang für das Selbststudium besonders geeignet.

Der vorliegende Teil des Fachlehrgangs mit dem Titel „Ottomotor-Management kompakt" behandelt die Steuerung und Regelung von Ottomotoren in einer kompakten und übersichtlichen Form. Dabei wird auf die grundsätzliche Funktion des Motors, die Füllungssteuerung und vor allem auf die Einspritzung, die Zündung und die Regelung des Ottomotors eingegangen. Außerdem werden die Kraftstoffversorgung und die Abgasnachbehandlung behandelt. Dieses Heft ist eine Auskopplung aus dem gebundenen Buch „Ottomotor-Management" aus der Reihe Bosch Fachinformation Automobil und wurde für den hier vorliegenden Fachlehrgang neu zusammengestellt.

Friedrichshafen, im Januar 2015   Konrad Reif

Inhaltsverzeichnis

Herausgeber

Prof. Dr.-Ing. Konrad Reif

Autoren und Mitwirkende

Dr.-Ing. David Lejsek,
Dr.-Ing. Andreas Kufferath,
Dr.-Ing. André Kulzer,
    Dr. Ing. h.c. F. Porsche AG,
Prof. Dr.-Ing. Konrad Reif,
    Duale Hochschule Baden-Württemberg.
(Grundlagen des Ottomotors)

Dipl.-Ing. Andreas Posselt,
Dr.-Ing. Jens Wolber,
Ing.-grad. Peter Schelhas,
Dipl.-Ing. Manfred Franz,
Dipl.-Ing. (FH) Horst Kirschner,
Dipl.-Ing. Andreas Pape,
Dr. rer. nat. Winfried Langer,
Dipl.-Ing. Peter Kolb,
Dr. rer. nat. Jörg Ullmann,
Günther Straub,
Prof. Dr.-Ing. Konrad Reif,
    Duale Hochschule Baden-Württemberg.
(Kraftstoffversorgung)

Dr.-Ing. Martin Brandt,
Dr.-Ing. Alex Grossmann,
Dipl.-Ing. Markus Deissler,
Prof. Dr. Kurt Kirsten,
Dipl.-Ing. Michael Bäuerle,
Dipl.-Ing. Martin Rauscher,
Dr.-Ing. Jochen Müller, Bosch Mahle Turbo
    Systems GmbH & Co. KG,
Dr.-Ing. Wolfgang Samenfink,
Prof. Dr.-Ing. Konrad Reif,
    Duale Hochschule Baden-Württemberg.
(Füllungssteuerung)

Dipl.-Ing. Andreas Posselt,
Dipl.-Ing. Markus Gesk,
Dipl.-Ing. Anja Melsheimer,
Dipl.-Ing. (BA) Ferdinand Reiter,
Dipl.-Ing. (FH) Klaus Joos,

Dipl.-Ing. Peter Schenk,
Dr.-Ing. Andreas Kufferath,
Dr.-Ing. Wolfgang Samenfink,
Dipl.-Ing. Andreas Glaser,
Dr.-Ing. Tilo Landenfeld,
Dipl.-Ing. Uwe Müller,
Prof. Dr.-Ing. Konrad Reif,
    Duale Hochschule Baden-Württemberg.
(Einspritzung)

Dipl.-Ing. Walter Gollin,
Dipl.-Ing. (FH) Klaus Lerchenmüller,
Dr.-Ing. Grit Vogt,
Prof. Dr.-Ing. Konrad Reif,
    Duale Hochschule Baden-Württemberg.
(Abgasnachbehandlung)

Dipl.-Ing. Klaus Winkler,
Dr.-Ing. Wilfried Müller,
    Umicore AG & Co. KG,
Prof. Dr.-Ing. Konrad Reif,
    Duale Hochschule Baden-Württemberg.
(Zündung)

Dipl.-Ing. Stefan Schneider,
Dipl.-Ing. Andreas Blumenstock,
Dipl.-Ing. Oliver Pertler,
Prof. Dr.-Ing. Konrad Reif,
    Duale Hochschule Baden-Württemberg.
(Elektronische Steuerung und Regelung)

Soweit nicht anders angegeben,
handelt es sich um Mitarbeiter der
Robert Bosch GmbH.

Grundlagen des Ottomotors

Der Ottomotor ist eine Verbrennungskraftmaschine mit Fremdzündung, die ein
Luft-Kraftstoff-Gemisch verbrennt und
damit die im Kraftstoff gebundene chemische Energie freisetzt und in mechanische
Arbeit umwandelt. Hierbei wurde in der
Vergangenheit das brennfähige Arbeitsge-
misch durch einen Vergaser im Saugrohr
gebildet. Die Emissionsgesetzgebung
bewirkte die Entwicklung der Saugrohreinspritzung (SRE), welche die Gemischbildung übernahm. Weitere Steigerungen
von Wirkungsgrad und Leistung erfolgten
durch die Einführung der Benzin-Direkteinspritzung (BDE). Bei dieser Technologie
wird der Kraftstoff zum richtigen Zeitpunkt
in den Zylinder eingespritzt, sodass die
Gemischbildung im Brennraum erfolgt.

Arbeitsweise

Im Arbeitszylinder eines Ottomotors wird
periodisch Luft oder Luft-Kraftstoff-Gemisch angesaugt und verdichtet. Anschließend wird die Entzündung und Verbrennung des Gemisches eingeleitet, um durch
die Expansion des Arbeitsmediums (bei einer Kolbenmaschine) den Kolben zu bewe-
gen. Aufgrund der periodischen, linearen
Kolbenbewegung stellt der Ottomotor einen
Hubkolbenmotor dar. Das Pleuel setzt dabei
die Hubbewegung des Kolbens in eine Rota-
tionsbewegung der Kurbelwelle um (Bild 1).

Viertakt-Verfahren

Die meisten in Kraftfahrzeugen eingesetzten
Verbrennungsmotoren arbeiten nach dem
Viertakt-Prinzip (Bild 1). Bei diesem Verfahren steuern Gaswechselventile den Ladungswechsel. Sie öffnen und schließen die
Ein- und Auslasskanäle des Zylinders und
steuern so die Zufuhr von Frischluft oder
-gemisch und das Ausstoßen der Abgase.

Das verbrennungsmotorische Arbeitsspiel
stellt sich aus dem Ladungswechsel (Ausschiebetakt und Ansaugtakt), Verdichtung,

Bild 1
a Ansaugtakt
b Verdichtungstakt
c Arbeitstakt
d Ausstoßtakt

1 Auslassnockenwelle
2 Zündkerze
3 Einlassnockenwelle
4 Einspritzventil
5 Einlassventil
6 Auslassventil
7 Brennraum
8 Kolben
9 Zylinder
10 Pleuelstange
11 Kurbelwelle
12 Drehrichtung
M Drehmoment
α Kurbelwinkel
s Kolbenhub
V_h Hubvolumen
V_c Kompressions-
volumen

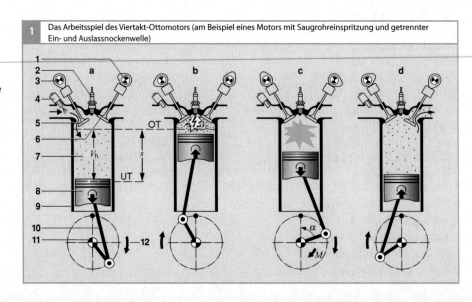

1 Das Arbeitsspiel des Viertakt-Ottomotors (am Beispiel eines Motors mit Saugrohreinspritzung und getrennter Ein- und Auslassnockenwelle)

Verbrennung und Expansion zusammen. Nach der Expansion im Arbeitstakt öffnen die Auslassventile kurz vor Erreichen des unteren Totpunkts, um die unter Druck stehenden heißen Abgase aus dem Zylinder strömen zu lassen. Der sich nach dem Durchschreiten des unteren Totpunkts aufwärts zum oberen Totpunkt bewegende Kolben stößt die restlichen Abgase aus.

Danach bewegt sich der Kolben vom oberen Totpunkt (OT) abwärts in Richtung unteren Totpunkt (UT). Dadurch strömt Luft (bei der Benzin-Direkteinspritzung) bzw. Luft-Kraftstoffgemisch (bei Saugrohreinspritzung) über die geöffneten Einlassventile in den Brennraum. Über eine externe Abgasrückführung kann der im Saugrohr befindlichen Luft ein Anteil an Abgas zugemischt werden. Das Ansaugen der Frischladung wird maßgeblich von der Gestalt der Ventilhubkurven der Gaswechselventile, der Phasenstellung der Nockenwellen und dem Saugrohrdruck bestimmt.

Nach Schließen der Einlassventile wird die Verdichtung eingeleitet. Der Kolben bewegt sich in Richtung des oberen Totpunkts (OT) und reduziert somit das Brennraumvolumen. Bei homogener Betriebsart befindet sich das Luft-Kraftstoff-Gemisch bereits zum Ende des Ansaugtaktes im Brennraum und wird verdichtet. Bei der geschichteten Betriebsart, nur möglich bei Benzin-Direkteinspritzung, wird erst gegen Ende des Verdichtungstaktes der Kraftstoff eingespritzt und somit lediglich die Frischladung (Luft und Restgas) komprimiert. Bereits vor Erreichen des oberen Totpunkts leitet die Zündkerze zu einem gegebenen Zeitpunkt (durch Fremdzündung) die Verbrennung ein. Um den höchstmöglichen Wirkungsgrad zu erreichen, sollte die Verbrennung kurz nach dem oberen Totpunkt abgelaufen sein. Die im Kraftstoff chemisch gebundene Energie wird durch die Verbrennung freigesetzt und

erhöht den Druck und die Temperatur der Brennraumladung, was den Kolben abwärts treibt. Nach zwei Kurbelwellenumdrehungen beginnt ein neues Arbeitsspiel.

Arbeitsprozess: Ladungswechsel und Verbrennung
Der Ladungswechsel wird üblicherweise durch Nockenwellen gesteuert, welche die Ein- und Auslassventile öffnen und schließen. Dabei werden bei der Auslegung der Steuerzeiten (Bild 2) die Druckschwingungen in den Saugkanälen zum besseren Füllen und Entleeren des Brennraums berücksichtigt. Die Kurbelwelle treibt die Nockenwelle über einen Zahnriemen, eine Kette oder Zahnräder an. Da ein durch die Nockenwellen zu steuerndes Viertakt-Arbeitsspiel zwei Kurbelwellenumdrehungen andauert, dreht sich die Nockenwelle nur halb so schnell wie die Kurbelwelle.

Ein wichtiger Auslegungsparameter für den Hochdruckprozess und die Verbrennung beim Ottomotor ist das Verdichtungsverhältnis ε, welches durch das Hubvolumen V_h und Kompressionsvolumen V_c folgendermaßen definiert ist:

$$\varepsilon = \frac{V_h + V_c}{V_c}. \tag{1}$$

Dieses hat einen entscheidenden Einfluss auf den idealen thermischen Wirkungsgrad η_{th}, da für diesen gilt:

$$\eta_{th} = 1 - \frac{1}{\varepsilon^{\kappa-1}}, \tag{2}$$

wobei κ der Adiabatenexponent ist [4]. Des Weiteren hat das Verdichtungsverhältnis Einfluss auf das maximale Drehmoment, die maximale Leistung, die Klopfneigung und die Schadstoffemissionen. Typische Werte beim Ottomotor in Abhängigkeit der Füllungssteuerung (Saugmotor, aufgeladener Motor) und der Einspritzart (Saugrohreinspritzung, Direkteinspritzung) liegen bei ca. 8 bis 13. Beim Dieselmotor liegen die Werte zwischen 14 und 22. Das Hauptsteuerelement der Verbrennung ist das Zündsignal, welches elektronisch in Abhängigkeit vom Betriebspunkt gesteuert werden kann.

Unterschiedliche Brennverfahren können auf Basis des ottomotorischen Prinzips dargestellt werden. Bei der Fremdzündung sind homogene Brennverfahren mit oder ohne Variabilitäten im Ventiltrieb (von Phase und Hub) möglich. Mit variablem Ventiltrieb wird eine Reduktion von Ladungswechselverlusten und Vorteile im Verdichtungs- und Arbeitstakt erzielt. Dies erfolgt durch erhöhte Verdünnung der Zylinderladung mit Abgas, welches mittels interner (oder auch externer) Rückführung in die Brennkammer gelangt. Diese Vorteile werden noch weiter durch das geschichtete Brennverfahren ausgenutzt. Ähnliche Potentiale kann die so genannte homogene Selbstzündung beim Ottomotor erreichen, aber mit erhöhtem Regelungsaufwand, da die Verbrennung durch reaktionskinetisch relevante Bedingungen (thermischer Zustand, Zusammensetzung) und nicht durch einen direkt steuerbaren Zündfunken initiiert wird. Hierfür werden Steuerelemente wie die Ventilsteuerung und die Benzin-Direkteinspritzung herangezogen.

Darüber hinaus werden Ottomotoren je nach Zufuhr der Frischladung in Saugmotoren- und aufgeladene Motoren unterschieden. Bei letzteren wird die maximale Luftdichte, welche zur Erreichung des maximalen Drehmomentes benötigt wird, z. B. durch eine Strömungsmaschine erhöht.

Luftverhältnis und Abgasemissionen

Setzt man die pro Arbeitsspiel angesaugte Luftmenge m_L ins Verhältnis zur pro Arbeitsspiel eingespritzten Kraftstoffmasse m_K, so erhält man mit m_L/m_K eine Größe zur Unterscheidung von Luftüberschuss (großes m_L/m_K) und Luftmangel (kleines m_L/m_K). Der genau passende Wert von m_L/m_K für eine stöchiometrische Verbrennung hängt jedoch vom verwendeten Kraftstoff ab. Um eine kraftstoffunabhängige Größe zu erhalten, berechnet man das Luftverhältnis λ als Quotient aus der aktuellen pro Arbeitsspiel angesaugten Luftmasse m_L und der für eine stöchiometrische Verbrennung des Kraftstoffs erforderliche Luftmasse m_{Ls}, also

$$\lambda = \frac{m_L}{m_{Ls}}. \tag{3}$$

Für eine sichere Entflammung homogener Gemische muss das Luftverhältnis in engen Grenzen eingehalten werden. Des Weiteren nimmt die Flammengeschwindigkeit stark mit dem Luftverhältnis ab, so dass Ottomotoren mit homogener Gemischbildung nur in einem Bereich von $0{,}8 < \lambda < 1{,}4$ betrieben werden können, wobei der beste Wirkungs-

2   Steuerung im Ladungswechsel

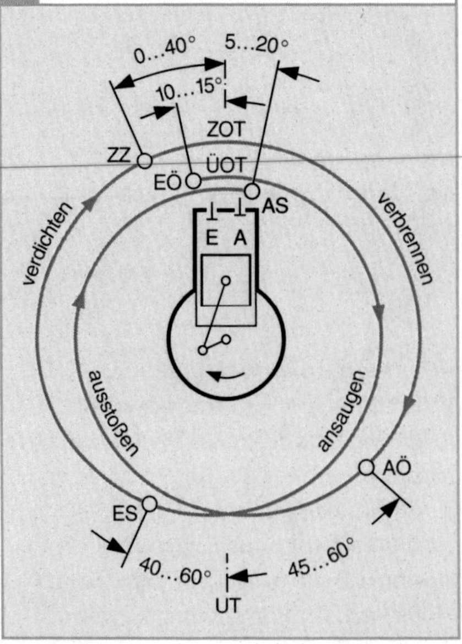

0...40°   5...20°

10...15°

ZOT

ZZ   EÖ   ÜOT

AS

E A

verdichten

verbrennen

ausstoßen

ansaugen

AÖ

ES

40...60°   45...60°

UT

Bild 2
Im Ventilsteuerzeiten-Diagramm sind die Öffnungs- und Schließzeiten der Ein- und Auslassventile aufgetragen.
E   Einlassventil
EÖ   Einlassventil öffnet
ES   Einlassventil schließt
A   Auslassventil
AÖ   Auslassventil öffnet
AS   Auslassventil schließt
OT   oberer Totpunkt
ÜOT   Überschneidungs-OT
ZOT   Zünd-OT
UT   unterer Totpunkt
ZZ   Zündzeitpunkt

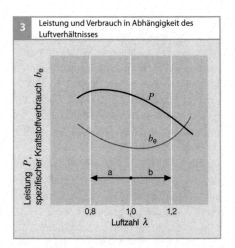

3 Leistung und Verbrauch in Abhängigkeit des Luftverhältnisses

y-Achse: Leistung P, spezifischer Kraftstoffverbrauch b_e

x-Achse: Luftzahl λ — 0,8 1,0 1,2

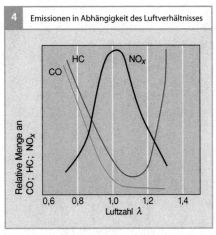

4 Emissionen in Abhängigkeit des Luftverhältnisses

y-Achse: Relative Menge an CO; HC; NO$_x$

x-Achse: Luftzahl λ — 0,6 0,8 1,0 1,2 1,4

Bild 3
a fettes Gemisch (Luft-mangel)
b mageres Gemisch (Luftüberschuss)

grad im homogen mageren Bereich liegt ($1{,}3 < \lambda < 1{,}4$). Für das Erreichen der maximalen Last liegt andererseits das Luftverhältnis im fetten Bereich ($0{,}9 < \lambda < 0{,}95$), welches die beste Homogenisierung und Sauerstoffoxidation erlaubt, und dadurch die schnellste Verbrennung ermöglicht (**Bild 3**).

Wird der Emissionsausstoß in Abhängigkeit des Luft-Kraftstoff-Verhältnisses betrachtet (**Bild 4**), so ist erkennbar, dass im fetten Bereich hohe Rückstände an HC und CO verbleiben. Im mageren Bereich sind HC-Rückstände aus der langsameren Verbrennung und der erhöhten Verdünnung erkennbar, sowie ein hoher NO$_x$-Anteil, der sein Maximum bei $1 < \lambda < 1{,}05$ erreicht. Zur Erfüllung der Emissionsgesetzgebung beim Ottomotor wird ein Dreiwegekatalysator eingesetzt, welcher die HC- und CO-Emissionen oxidiert und die NO$_x$-Emissionen reduziert. Hierfür ist ein Luft-Kraftstoff-Verhältnis von $\lambda \approx 1$ notwendig, das durch eine entsprechende Gemischregelung eingestellt wird.

Weitere Vorteile können aus dem Hochdruckprozess im mageren Bereich ($\lambda > 1$) nur mit einem geschichteten Brennverfahren gewonnen werden. Hierbei werden weiterhin HC- und CO-Emissionen im Dreiwegekatalysator oxidiert. Die NO$_x$-Emissionen

müssen über einen gesonderten NO$_x$-Speicherkatalysator gespeichert und nachträglich durch Fett-Phasen reduziert oder über einen kontinuierlich reduzierenden Katalysator mittels zusätzlichem Reduktionsmittel (durch selektive katalytische Reduktion) konvertiert werden.

Gemischbildung

Ein Ottomotor kann eine äußere (mit Saugrohreinspritzung) oder eine innere Gemischbildung (mit Direkteinspritzung) aufweisen (**Bild 5**). Bei Motoren mit Saugrohreinspritzung liegt das Luft-Kraftstoff-Gemisch im gesamten Brennraum homogen verteilt mit dem gleichen Luftverhältnis λ vor (**Bild 5a**). Dabei erfolgt üblicherweise die Einspritzung ins Saugrohr oder in den Einlasskanal schon vor dem Öffnen der Einlassventile.

Neben der Gemischhomogenisierung muss das Gemischbildungssystem geringe Abweichungen von Zylinder zu Zylinder sowie von Arbeitsspiel zu Arbeitsspiel garantieren. Bei Motoren mit Direkteinspritzung sind sowohl eine homogene als auch eine heterogene Betriebsart möglich. Beim homogenen Betrieb wird eine saughubsynchrone Einspritzung durchgeführt, um eine

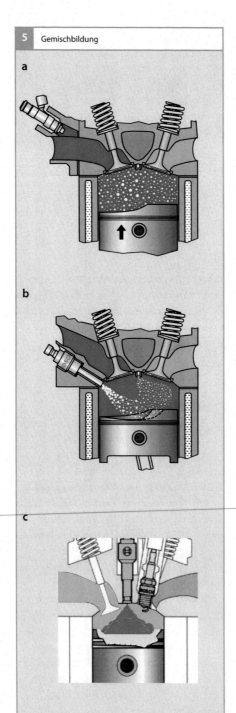

5   Gemischbildung

a

b

c

möglichst schnelle Homogenisierung zu erreichen. Beim heterogenen Schichtbetrieb
befindet sich eine brennfähige Gemischwol-
ke mit $\lambda \approx 1$ als Schichtladung zum Zündzeitpunkt im Bereich der Zündkerze. **Bild 5**
zeigt die Schichtladung für wand- und luftgeführte (**Bild 5b**) sowie für das strahlgeführte Brennverfahren (**Bild 5c**). Der restli-
che Brennraum ist mit Luft oder einem sehr
mageren Luft-Kraftstoff-Gemisch gefüllt,
was über den gesamten Zylinder gemittelt
ein mageres Luftverhältnis ergibt. Der Ottomotor kann dann ungedrosselt betrieben
werden. Infolge der Innenkühlung durch die
direkte Einspritzung können solche Motoren
höher verdichten. Die Entdrosselung und
das höhere Verdichtungsverhältnis führen zu
höheren Wirkungsgraden.

Zündung und Entflammung
Das Zündsystem einschließlich der Zündkerze entzündet das Gemisch durch eine
Funkenentladung zu einem vorgegebenen
Zeitpunkt. Die Entflammung muss auch bei
instationären Betriebszuständen hinsichtlich
wechselnder Strömungseigenschaften und
lokaler Zusammensetzung gewährleistet
werden. Durch die Anordnung der Zündkerze kann die sichere Entflammung insbesondere bei geschichteter Ladung oder im
mageren Bereich optimiert werden.

Die notwendige Zündenergie ist grundsätzlich vom Luft-Kraftstoff-Verhältnis abhängig. Im stöchiometrischen Bereich wird
die geringste Zündenergie benötigt, dagegen
erfordern fette und magere Gemische eine
deutlich höhere Energie für eine sichere Entflammung. Der sich einstellende Zündspannungsbedarf ist hauptsächlich von der im
Brennraum herrschenden Gasdichte abhängig und steigt nahezu linear mit ihr an. Der
Energieeintrag des durch den Zündfunken
entflammten Gemisches muss ausreichend
groß sein, um die angrenzenden Bereiche

entflammen zu können und somit eine Flammenausbreitung zu ermöglichen.

Der Zündwinkelbereich liegt in der Teillast bei einem Kurbelwinkel von ca. 50 bis 40 ° vor ZOT (vgl. **Bild 2**) und bei Saugmotoren in der Volllast bei ca. 20 bis 10 ° vor ZOT. Bei aufgeladenen Motoren im Volllastbetrieb liegt der Zündwinkel wegen erhöhter Klopfneigung bei ca. 10 ° vor ZOT bis 10 ° nach ZOT. Üblicherweise werden im Motorsteuergerät die positiven Zündwinkel als Winkel vor ZOT definiert.

Zylinderfüllung

Eine wichtige Phase des Arbeitspiels wird von der Verbrennung gebildet. Für den Verbrennungsvorgang im Zylinder ist ein Luft-Kraftstoff-Gemisch erforderlich. Das Gasgemisch, das sich nach dem Schließen der Einlassventile im Zylinder befindet, wird als Zylinderfüllung bezeichnet. Sie besteht aus der zugeführten Frischladung (Luft und gegebenenfalls Kraftstoff) und dem Restgas (Bild 6).

Bestandteile

Die Frischladung besteht aus Luft, und bei Ottomotoren mit Saugrohreinspritzung (SRE) dem dampfförmigen oder flüssigen Kraftstoff. Bei Ottomotoren mit Benzindirekteinspritzung (BDE) wird der für das Arbeitsspiel benötigte Kraftstoff direkt in den Zylinder eingespritzt, entweder während des Ansaugtaktes für das homogene Verfahren oder – bei einer Schichtladung – im Verlauf der Kompression.

Der wesentliche Anteil an Frischluft wird über die Drosselklappe angesaugt. Zusätzliches Frischgas kann über das Kraftstoffverdunstungs-Rückhaltesystem angesaugt werden. Die nach dem Schließen der Einlassventile im Zylinder befindliche Luftmas-

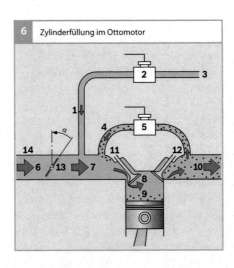

Bild 6
1 Luft- und Kraftstoffdämpfe (aus Kraftstoffverdunstungs-Rückhaltesystem)
2 Regenerierventil mit variablem Ventilöffnungsquerschnitt
3 Verbindung zum Kraftstoffverdunstungs-Rückhaltesystem
4 rückgeführtes Abgas
5 Abgasrückführventil (AGR-Ventil) mit variablem Ventilöffnungsquerschnitt
6 Luftmassenstrom (mit Umgebungsdruck p_U)
7 Luftmassenstrom (mit Saugrohrdruck p_S)
8 Frischgasfüllung (mit Brennraumdruck p_B)
9 Restgasfüllung (mit Brennraumdruck p_B)
10 Abgas (mit Abgasgegendruck p_A)
11 Einlassventil
12 Auslassventil
13 Drosselklappe
14 Ansaugrohr
a Drosselklappenwinkel

se ist eine entscheidende Größe für die während der Verbrennung am Kolben verrichtete Arbeit und damit für das vom Motor abgegebene Drehmoment. Maßnahmen zur Steigerung des maximalen Drehmomentes und der maximalen Leistung des Motors bedingen eine Erhöhung der maximal möglichen Füllung. Die theoretische Maximalfüllung ist durch den Hubraum, die Ladungswechselaggregate und ihre Variabilität begrenzt. Bei aufgeladenen Motoren markiert der erzielbare Ladedruck zusätzlich die Drehmomentausbeute.

Aufgrund des Totvolumens verbleibt stets zu einem kleinen Teil Restgas aus dem letzten Arbeitszyklus (internes Restgas) im Brennraum. Das Restgas besteht aus Inertgas und bei Verbrennung mit Luftüberschuss (Magerbetrieb) aus unverbrannter Luft. Wichtig für die Prozessführung ist der Anteil des Inertgases am Restgas, da dieses keinen Sauerstoff mehr enthält und an der Verbrennung des folgenden Arbeitsspiels nicht teilnimmt.

Ladungswechsel

Der Austausch der verbrauchten Zylinderfüllung gegen Frischgas wird Ladungswechsel genannt. Er wird durch das Öffnen und das Schließen der Einlass- und Auslassventile im Zusammenspiel mit der Kolbenbewegung gesteuert. Die Form und die Lage der Nocken auf der Nockenwelle bestimmen den Verlauf der Ventilerhebung und beeinflussen dadurch die Zylinderfüllung. Die Zeitpunkte des Öffnens und des Schließens der Ventile werden Ventil-Steuerzeiten genannt. Die charakteristischen Größen des Ladungswechsels werden durch Auslass-Öffnen (AÖ), Einlass-Öffnen (EÖ), Auslass-Schließen (AS), Einlass-Schließen (ES) sowie durch den maximalen Ventilhub gekennzeichnet. Realisiert werden Ottomotoren sowohl mit festen als auch mit variablem Steuerzeiten und Ventilhüben.

Die Qualität des Ladungswechsels wird mit den Größen Luftaufwand, Liefergrad und Fanggrad beschrieben. Zur Definition dieser Kennzahlen wird die Frischladung herangezogen. Bei Systemen mit Saugrohreinspritzung entspricht diese dem frisch eintretenden Luft-Kraftstoff-Gemisch, bei Ottomotoren mit Benzindirekteinspritzung und Einspritzung in den Verdichtungstakt (nach ES) wird die Frischladung lediglich durch die angesaugte Luftmasse bestimmt. Der Luftaufwand beschreibt die gesamte während des Ladungswechsels durchgesetzte Frischladung bezogen auf die durch das Hubvolumen maximal mögliche Zylinderladung. Im Luftaufwand kann somit zusätzlich jene Masse an Frischladung enthalten sein, welche während einer Ventilüberschneidung direkt in den Abgastrakt überströmt. Der Liefergrad hingegen stellt das Verhältnis der im Zylinder tatsächlich verbliebenen Frischladung nach Einlass-Schließen zur theoretisch maximal möglichen Ladung dar. Der Fanggrad, definiert als das Verhältnis von Liefergrad zum Luftaufwand, gibt den Anteil der durchgesetzten Frischladung an, welcher nach Abschluss des Ladungswechsels im Zylinder eingeschlossen wird. Zusätzlich ist als weitere wichtige Größe für die Beschreibung der Zylinderladung der Restgasanteil als das Verhältnis aus der sich zum Einlassschluss im Zylinder befindlichen Restgasmasse zur gesamt eingeschlossenen Masse an Zylinderladung definiert.

Um im Ladungswechsel das Abgas durch das Frischgas zu ersetzen, ist ein Arbeitsaufwand notwendig. Dieser wird als Ladungswechsel- oder auch Pumpverlust bezeichnet. Die Ladungswechselverluste verbrauchen einen Teil der umgewandelten mechanischen Energie und senken daher den effektiven Wirkungsgrad des Motors. In der Ansaugphase, also während der Abwärtsbewegung des Kolbens, ist im gedrosselten Betrieb der Saugrohrdruck kleiner als der Umgebungsdruck und insbesondere kleiner als der Druck im Kurbelgehäuse (Kolbenrückraum). Zum Ausgleich dieser Druckdifferenz wird Energie benötigt (Drosselverluste). Insbesondere bei hohen Drehzahlen und Lasten (im entdrosselten Betrieb) tritt beim Ausstoßen des verbrannten Gases während der Aufwärtsbewegung des Kolbens ein Staudruck im Brennraum auf, was wiederum zu zusätzlichen Energieverlusten führt, welche Ausschiebeverluste genannt werden.

Steuerung der Luftfüllung
Der Motor saugt die Luft über den Luftfilter und den Ansaugtrakt an (Bilder 7 und 8), wobei die Drosselklappe aufgrund ihrer Verstellbarkeit für eine dosierte Luftzufuhr sorgt und somit das wichtigste Stellglied für den Betrieb des Ottomotors darstellt. Im weiteren Verlauf des Ansaugtraktes erfährt der angesaugte Luftstrom die Beimischung von Kraftstoffdampf aus dem Kraftstoffverdunstungs-Rückhaltesystem sowie von rückgeführtem Abgas (AGR). Mit diesem kann zur Entdrosselung des Arbeitsprozesses – und damit einer Wirkungsgradsteigerung im Teillastbereich – der Anteil des Restgases an der Zylinderfüllung erhöht werden. Die äu-

ßere Abgasrückführung führt das ausgestoßene Restgas vom Abgassystem zurück in den Saugkanal. Dabei kann ein zusätzlich installierter AGR-Kühler das rückgeführte Abgas vor dem Eintritt in das Saugrohr auf ein niedrigeres Temperaturniveau kühlen und damit die Dichte der Frischladung erhöhen. Zur Dosierung der äußeren Abgasrückführung wird ein Stellventil verwendet.

Der Restgasanteil der Zylinderladung kann jedoch im großen Maße ebenfalls durch die Menge der im Zylinder verbleibenden Restgasmasse geändert werden. Zu deren Steuerung können Variabilitäten im Ventiltrieb eingesetzt werden. Zu nennen sind hier insbesondere Phasensteller der Nockenwellen, durch deren Anwendung die Steuerzeiten im breiten Bereich beeinflusst werden können und dadurch das Einbehalten einer gewünschten Restgasmasse ermöglichen. Durch eine Ventilüberschneidung kann beispielsweise der Restgasanteil für das folgende Arbeitsspiel wesentlich beeinflusst werden. Während der Ventilüberschneidung sind Ein- und Auslassventil gleichzeitig geöffnet, d. h., das Einlassventil öffnet, bevor das Auslassventil schließt. Ist in der Überschneidungsphase der Druck im Saugrohr niedriger als im Abgastrakt, so tritt eine Rückströmung des Restgases in das Saugrohr auf. Da das so ins Saugrohr gelangte Restgas nach dem Auslass-Schließen wieder angesaugt wird, führt dies zu einer Erhöhung des Restgasgehalts.

Der Einsatz von variablen Ventiltrieben ermöglicht darüber hinaus eine Vielzahl an Verfahren, mit welchen sich die spezifische Leistung und der Wirkungsgrad des Ottomotors weiter steigern lassen. So ermöglicht eine verstellbare Einlassnockenwelle beispielsweise die Anpassung der Steuerzeit für die Einlassventile an die sich mit der Drehzahl veränderliche Gasdynamik des Saugtraktes, um in Vollastbetrieb die optimale Füllung der Zylinder zu ermöglichen. Zur Wirkungsgradsteigerung im gedrosselten Betrieb bei Teillast ist zudem die Anwendung vom späten oder frühen Schließen der Einlassventile möglich. Beim Atkinson-Verfahren wird durch spätes Schließen der Einlassventile ein Teil der angesaugten Ladung wieder aus dem Zylinder in das Saugrohr verdrängt. Um die Ladungsmasse der Standardsteuerzeit im Zylinder einzuschließen, wird der Motor weiter entdrosselt und damit der Wirkungsgrad erhöht. Aufgrund der langen Öffnungsdauer der Einlassventile beim Atkinson-Verfahren können insbesondere bei Saugmotoren zudem gasdynamische Effekte ausgenutzt werden.

Das Miller-Verfahren hingegen beschreibt ein frühes Schließen der Einlassventile. Dadurch wird die im Zylinder eingeschlossene Ladung im Fortgang der Abwärtsbewegung des Kolbens (Saugtakt) expandiert. Verglichen mit der Standard-Steuerzeit erfolgt die darauf folgende Kompression auf einem niedrigeren Druck- und Temperaturniveau. Um das gleiche Moment zu erzeugen und hierfür die gleiche Masse an Frischladung im Zylinder einzuschließen, muss der Arbeitsprozess (wie auch beim Atkinson-Verfahren) entdrosselt werden, was den Wirkungsgrad erhöht. Aufgrund der weitgehenden Bremsung der Ladungsbewegung während der Expansion vor dem Verdichtungstakt wird allerdings die Verbrennung verlangsamt und das theoretische Wirkungsgradpotential daher zum großen Teil wieder kompensiert. Da beide Verfahren die Temperatur der Zylinderladung während der Kompression senken, können sie insbesondere bei aufgeladenen Ottomotoren an der Volllast ebenfalls zur Senkung der Klopfneigung und damit zur Steigerung der spezifischen Leistung verwendet werden.

Die Anwendung variabler Ventilhubverfahren ermöglicht durch die Darstellung von

7 Strukturbild eines Ottomotors mit Saugrohreinspritzung ohne Aufladung einschließlich Komponenten für die elektronische Steuerung und Regelung

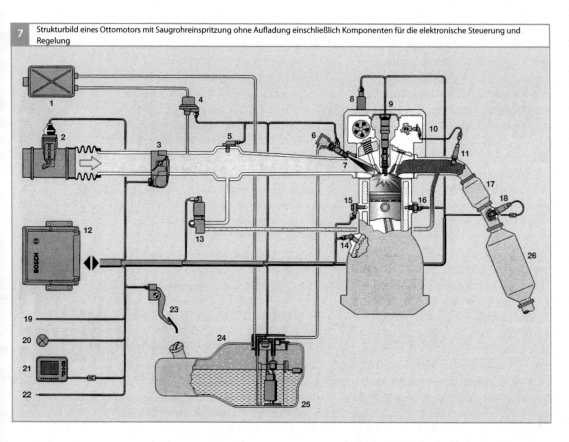

Bild 7

1 Aktivkohlebehälter
2 Heißfilm-Luftmassenmesser (HFM) mit integriertem Temperatursensor
3 Drosselvorrichtung (EGAS)
4 Tankentlüftungsventil
5 Saugrohrdrucksensor
6 Kraftstoffverteilerstück
7 Einspritzventil
8 Aktoren und Sensoren für variable Nockenwellensteuerung
9 Zündkerze mit aufgesteckter Zündspule
10 Nockenwellen-Phasensensor
11 λ-Sonde vor dem Vorkatalysator
12 Motorsteuergerät
13 Abgasrückführventil
14 Drehzahlsensor
15 Klopfsensor
16 Motortemperatursensor

17 Vorkatalysator (Dreiwegekatalysator)
18 λ-Sonde nach dem Vorkatalysator
19 CAN-Schnittstelle
20 Motorkontrollleuchte
21 Diagnoseschnittstelle
22 Schnittstelle zur Wegfahrsperre
23 Fahrpedalmodul mit Pedalwegsensor
24 Kraftstoffbehälter
25 Tankeinbaueinheit mit Elektrokraftstoffpumpe, Kraftstofffilter und Kraftstoffregler
26 Hauptkatalysator (Dreiwegekatalysator)

Der in Bild 7 dargestellte Systemumfang bezüglich der On-Board-Diagnose entspricht den Anforderungen der EOBD.

Teilhüben der Einlassventile ebenfalls eine Entdrosselung des Motors an der Drosselklappe und damit eine Wirkungsgradsteigerung. Zudem kann durch unterschiedliche Hubverläufe der Einlassventile eines Zylinders die Ladungsbewegung deutlich erhöht werden, was insbesondere im Bereich niedriger Lasten die Verbrennung deutlich stabilisiert und damit die Anwendung hoher Restgasraten erleichtert. Eine weitere Möglichkeit zur Steuerung der Ladungsbewegung bilden Ladungsbewegungsklappen, welche durch ihre Stellung im Saugkanal des Zylinderkopfs die Strömungsbewegung beeinflussen. Allerdings ergibt sich hier aufgrund der höheren Strömungsverluste auch eine Steigerung der Ladungswechselarbeit.

8 Strukturbild eines aufgeladenen Ottomotors mit Direkteinspritzung einschließlich Komponenten für die elektronische Steuerung und Regelung

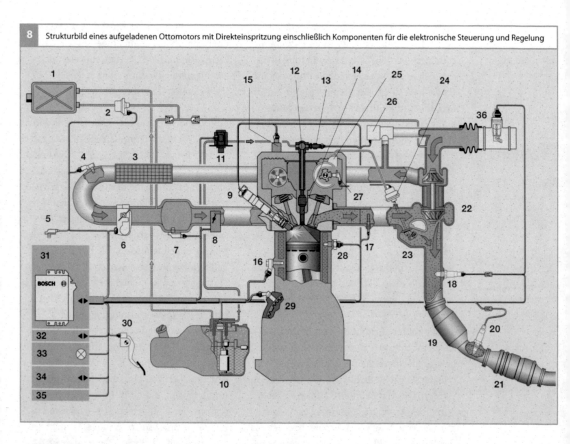

Insgesamt lassen sich durch die Anwendung variabler Ventiltriebe, welche eine Kombination aus Steuerzeit- und Ventilhubverstellung bis hin zu voll-variablen Systemen umfassen, beträchtliche Steigerungen der spezifischen Leistung sowie des Wirkungsgrades erreichen. Auch die Anwendung eines geschichteten Brennverfahrens erlaubt aufgrund des hohen Luftüberschusses einen weitgehend ungedrosselten Betrieb, welcher insbesondere in der Teillast des Ottomotors zur einer erheblichen Steigerung des effektiven Wirkungsgrades führt.

Das bei homogener, stöchiometrischer Gemischverteilung erreichbare Drehmoment ist proportional zu der Frischgasfüllung. Daher kann das maximale Drehmo-

Bild 8

1 Aktivkohlebehälter
2 Tankentlüftungsventil
3 Heißfilm-Luftmassenmesser
4 kombinierter Ladedruck- und Ansauglufttemperatursensor
5 Umgebungsdrucksensor
6 Drosselvorrichtung (EGAS)
7 Saugrohrdrucksensor
8 Ladungsbewegungsklappe
9 Zündspule mit Zündkerze
10 Kraftstofffördermodul mit Elektrokraftstoffpumpe
11 Hochdruckpumpe
12 Kraftstoff-Verteilerrohr
13 Hochdrucksensor
14 Hochdruck-Einspritzventil
15 Nockenwellenversteller
16 Klopfsensor
17 Abgastemperatursensor

18 λ-Sonde
19 Vorkatalysator
20 λ-Sonde
21 Hauptkatalysator
22 Abgasturbolader
23 Waste-Gate
24 Waste-Gate-Steller
25 Vakuumpumpe
26 Schub-Umluftventil
27 Nockenwellen-Phasensensor
28 Motortemperatursensor
29 Drehzahlsensor
30 Fahrpedalmodul
31 Motorsteuergerät
32 CAN-Schnittstelle
33 Motorkontrollleuchte
34 Diagnoseschnittstelle
35 Schnittstelle zur Wegfahrsperre

ment lediglich durch die Verdichtung der Luft vor Eintritt in den Zylinder (Aufladung) gesteigert werden. Mit der Aufladung kann der Liefergrad, bezogen auf Normbedingungen, auf Werte größer als eins erhöht werden. Eine Aufladung kann bereits allein durch Nutzung gasdynamischer Effekte im Saugrohr erzielt werden (gasdynamische Aufladung). Der Aufladungsgrad hängt von der Gestaltung des Saugrohrs sowie vom Betriebspunkt des Motors ab, im Wesentlichen von der Drehzahl, aber auch von der Füllung. Mit der Möglichkeit, die Saugrohrgeometrie während des Fahrbetriebs beispielsweise durch eine variable Saugrohrlänge zu ändern, kann die gasdynamische Aufladung in einem weiten Betriebsbereich für eine Steigerung der maximalen Füllung herangezogen werden.

Eine weitere Erhöhung der Luftdichte erzielen mechanisch angetriebene Verdichter bei der mechanischen Aufladung, welche von der Kurbelwelle des Motors angetrieben werden. Die komprimierte Luft wird dabei durch das Ansaugsystem, welches dann zugunsten eines schnellen Ansprechverhaltens des Motors mit kleinem Sammlervolumen und kurzen Saugrohrlängen ausgeführt wird, in die Zylinder gepumpt.

Bei der Abgasturboaufladung wird im Unterschied zur mechanischen Aufladung der Verdichter des Abgasturboladers nicht von der Kurbelwelle angetrieben, sondern von einer Abgasturbine, welche sich im Abgastrakt befindet und die Enthalpie des Abgases ausnutzt. Die Enthalpie des Abgases kann zusätzlich erhöht werden, in dem durch die Anwendung einer Ventilüberschneidung ein Teil der Frischladung durch die Zylinder gespült (Scavenging) und damit der Massenstrom an der Abgasturbine erhöht wird. Zusätzlich sorgt eine hohe Spülrate für niedrige Restgasanteile. Da bei Motoren mit Abgasturboaufladung im unteren Drehzahlbereich

an der Volllast ein positives Druckgefälle über dem Zylinder gut eingestellt werden kann, erhöht dieses Verfahren wesentlich das maximale Drehmoment in diesem Betriebsbereich (Low-End-Torque).

Füllungserfassung und Gemischregelung

Beim Ottomotor wird die zugeführte Kraftstoffmenge in Abhängigkeit der angesaugten Luftmasse eingestellt. Dies ist nötig, weil sich nach einer Änderung des Drosselklappenwinkels die Luftfüllung erst allmählich ändert, während die Kraftstoffmenge arbeitsspielindividuell variiert werden kann. In der Motorsteuerung muss daher für jedes Arbeitsspiel je nach der Betriebsart (Homogen, Homogen-mager, Schichtbetrieb) die aktuell vorhandene Luftmasse bestimmt werden (durch Füllungserfassung). Es gibt grundsätzlich drei Verfahren, mit welchen dies erfolgen kann. Das erste Verfahren arbeitet folgendermaßen: Über ein Kennfeld wird in Abhängigkeit von Drosselklappenwinkel α und Drehzahl n der Volumenstrom bestimmt, der über geeignete Korrekturen in einem Luftmassenstrom umgerechnet wird. Die auf diesem Prinzip arbeitenden Systeme heißen α-n-Systeme.

Beim zweiten Verfahren wird über ein Modell (Drosselklappenmodell) aus der Temperatur vor der Drosselklappe, dem Druck vor und nach der Drosselklappe sowie der Drosselklappenstellung (Winkel α) der Luftmassenstrom berechnet. Als Erweiterung dieses Modells kann zusätzlich aus der Motordrehzahl n, dem Druck p im Saugrohr (vor dem Einlassventil), der Temperatur im Einlasskanal und weiteren Einflüssen (Nockenwellen- und Ventilhubverstellung, Saugrohrumschaltung, Position der Ladungsbewegungsklappe) die vom Zylinder angesaugte Frischluft berechnet werden. Nach diesem Prinzip arbeitende Systeme werden p-n-Systeme genannt. Je nach Kom-

plexität des Motors, insbesondere die Variabilitäten des Ventiltriebs betreffend, können
hierfür aufwendige Modelle notwendig sein.
Das dritte Verfahren besteht darin, dass ein
Heißfilm-Luftmassenmesser (HFM) direkt
den in das Saugrohr einströmenden Luftmassenstrom misst. Weil mittels eines Heißfilm-Luftmassenmessers oder eines Drossel-
klappenmodells nur der in das Saugrohr
einfließende Massenstrom bestimmt werden
kann, liefern diese beiden Systeme nur im
stationären Motorbetrieb einen gültigen
Wert für die Zylinderfüllung. Ein stationärer
Betrieb setzt die Annahme eines konstanten
Saugrohrdrucks voraus, so dass die dem
Saugrohr zufließenden und den Motor ver-
lassenden Luftmassenströme identisch sind.
Die Anwendung sowohl des Heißfilm-Luftmassenmessers als auch des Drosselklap-
penmodells liefert bei einem plötzlichen
Lastwechsel (d. h. bei einer plötzlichen Änderung des Drosselklappenwinkels) eine augenblickliche Änderung des dem Saugrohr

zufließenden Massenstroms, während sich
der in den Zylinder eintretende Massenstrom und damit die Zylinderfüllung erst
ändern, wenn sich der Saugrohrdruck erhöht
oder erniedrigt hat. Daher muss für die richtige Abbildung transienter Vorgänge entweder das p-n-System verwendet oder eine
zusätzliche Modellierung des Speicherver-
haltens im Saugrohr (Saugrohrmodell)
erfolgen.

Kraftstoffe

Für den ottomotorischen Betrieb werden
Kraftstoffe benötigt, welche aufgrund ihrer
Zusammensetzung eine niedrige Neigung
zur Selbstzündung (hohe Klopffestigkeit)
aufweisen. Andernfalls kann die während
der Kompression nach einer Selbstzündung
erfolgte, schlagartige Umsetzung der Zylinderladung zu mechanischen Schäden des
Ottomotors bis hin zu seinem Totalausfall
führen. Die Klopffestigkeit eines Ottokraft-
stoffes wird durch die Oktanzahl beschrie-

Tabelle 1
Eigenschaftswerte
flüssiger Kraftstoffe.
Die Viskosität bei 20 °C
liegt für Benzin bei etwa
0,6 mm²/s, für Methanol
bei etwa 0,75 mm²/s

Stoff	Dichte in kg/l	Haupt-bestand-teile in Gewichts-prozent	Siedetempe-ratur in °C	Spezifische Verdamp-fungswärme in kJ/kg	Spezifischer Heizwert in MJ/kg	Zündtempe-ratur in °C	Luftbedarf, stöchio-metrisch in kg/kg	Zündgrenze	
								untere	obere
								in Volumenprozent Gas in Luft	
Ottokraft-stoff									
Normal	0,720...0,775	86 C, 14 H	25...210	380...500	41,2...41,9	≈ 300	14,8	≈ 0,6	≈ 8
Super	0,720...0,775	86 C, 14 H	25...210	–	40,1...41,6	≈ 400	14,7	–	–
Flugbenzin	0,720	85 C, 15 H	40...180	–	43,5	≈ 500	–	≈ 0,7	≈ 8
Kerosin	0,77...0,83	87 C, 13 H	170...260	–	43	≈ 250	14,5	≈ 0,6	≈ 7,5
Dieselkraft-stoff	0,820...0,845	86 C, 14 H	180...360	≈ 250	42,9...43,1	≈ 250	14,5	≈ 0,6	≈ 7,5
Ethanol C_2H_5OH	0,79	52 C, 13 H, 35 O	78	904	26,8	420	9	3,5	15
Methanol CH_3OH	0,79	38 C, 12 H, 50 O	65	1 110	19,7	450	6,4	5,5	26
Rapsöl	0,92	78 C, 12 H, 10 O	–	–	38	≈ 300	12,4	–	–
Rapsölme-thylester (Biodiesel)	0,88	77 C, 12 H, 11 O	320...360	–	36,5	283	12,8	–	–

Stoff	Dichte bei 0 °C und 1 013 mbar in kg/m³	Hauptbe- standteile in Gewichts- prozent	Siedetempera- tur bei 1 013 mbar in °C	Spezifischer Heizwert		Zünd- temperatur in °C	Luftbedarf, stöchio- metrisch in kg/kg	Zündgrenze	
				Kraftstoff in MJ/kg	Luft-Krafts- stoff-Gemisch in MJ/m³			untere	obere
								in Volumenprozent Gas in Luft	
Flüssiggas (Autogas)	2,25	C_3H_8, C_4H_{10}	–30	46,1	3,39	≈ 400	15,5	1,5	15
Erdgas H (Nordsee)	0,83	87 CH_4, 8 C_2H_6, 2 C_3H_8, 2 CO_2, 1 N_2	–162 (CH_4)	46,7	–	584	16,1	4,0	15,8
Erdgas H (Russland)	0,73	98 CH_4, 1 C_2H_6, 1 N_2	–162 (CH_4)	49,1	3,4	619	16,9	4,3	16,2
Erdgas L	0,83	83 CH_4, 4 C_2H_6, 1 C_3H_8, 2 CO_2, 10 N_2	–162 (CH_4)	40,3	3,3	≈ 600	14,0	4,6	16,0

Tabelle 2
Eigenschaftswerte gas-
förmiger Kraftstoffe. Das
als Flüssiggas bezeich-
nete Gasgemisch ist bei
0 °C und 1 013 mbar
gasförmig; in flüssiger
Form hat es eine Dichte
von 0,54 kg/l.

ben. Die Höhe der Oktanzahl bestimmt die spezifische Leistung des Ottomotors. An der Volllast wird aufgrund der Gefahr von Motorschäden die Lage der Verbrennung durch das Motorsteuergerät über einen Zündwinkeleingriff (durch die Klopfregelung) so eingestellt, dass – durch Senkung der Verbrennungstemperatur durch eine späte Lage der Verbrennung – keine Selbstzündung der Frischladung erfolgt. Dies begrenzt jedoch das nutzbare Drehmoment des Motors. Je höher die verwendete Oktanzahl ist, desto höher fällt, bei einer entsprechenden Bedatung des Motorsteuergeräts, die spezifische Leistung aus.

In den Tabellen 1 und 2 sind die Stoffwerte der wichtigsten Kraftstoffe zusammengefasst. Verwendung findet meist Benzin, welches durch Destillation aus Rohöl gewonnen und zur Steigerung der Klopffestigkeit mit geeigneten Komponenten versetzt wird. So wird bei Benzinkraftstoffen in Deutschland zwischen Super und Super-Plus unterschieden, einige Anbieter haben ihre Super-Plus-Kraftstoffe durch 100-Oktan-Benzine ersetzt.

Seit Januar 2011 enthält der Super-Kraftstoff bis zu 10 Volumenprozent Ethanol (E10), alle anderen Sorten sind mit max. 5 Volumenprozent Ethanol (E5) versetzt. Die Abkürzung E10 bezeichnet dabei einen Ottokraftstoff mit einem Anteil von 90 Volumenprozent Benzin und 10 Volumenprozent Ethanol. Die ottomotorische Verwendung von reinen Alkoholen (Methanol M100, Ethanol E100) ist bei Verwendung geeigneter Kraftstoffsysteme und speziell adaptierter Motoren möglich, da aufgrund des höheren Sauerstoffgehalts ihre Oktanzahl die des Benzins übersteigt.

Auch der Betrieb mit gasförmigen Kraftstoffen ist beim Ottomotor möglich. Verwendung findet als serienmäßige Ausstattung (in bivalenten Systemen mit Benzin- und Gasbetrieb) in Europa meist Erdgas (Compressed Natural Gas CNG), welches hauptsächlich aus Methan besteht. Aufgrund des höheren Wasserstoff-Kohlenstoff-Verhältnisses entsteht bei der Verbrennung von Erdgas weniger CO_2 und mehr Wasser als bei Verbrennung von Benzin. Ein auf Erdgas eingestellter Ottomotor erzeugt bereits ohne weitere Optimierung ca. 25 % weniger CO_2-Emissionen als beim Einsatz von Benzin. Durch die sehr hohe Oktanzahl (ROZ 130) eignet sich der mit Erdgas betriebene Ottomotor ideal zur Aufladung und lässt zudem eine Erhöhung des Verdichtungsverhältnisses zu. Durch den monovalenten Gaseinsatz in Verbindung mit einer Hubraumverkleinerung (Downsizing) kann der effektive Wirkungsgrad des Ottomotors erhöht und seine CO_2-Emission gegenüber dem konventionellen Benzin-Betrieb maßgeblich verringert werden.

Häufig, insbesondere in Anlagen zur Nachrüstung, wird Flüssiggas (Liquid Petroleum Gas LPG), auch Autogas genannt, eingesetzt. Das verflüssigte Gasgemisch besteht aus Propan und Butan. Die Oktanzahl von Flüssiggas liegt mit ROZ 120 deutlich über dem Niveau von Super-Kraftstoffen, bei seiner Verbrennung entstehen ca. 10 % weniger CO_2-Emissionen als im Benzinbetrieb.

Auch die ottomotorische Verbrennung von reinem Wasserstoff ist möglich. Aufgrund des Fehlens an Kohlenstoff entsteht bei der Verbrennung von Wasserstoff kein Kohlendioxid, als „CO_2-frei" darf dieser Kraftstoff dennoch nicht gelten, wenn bei seiner Herstellung CO_2 anfällt. Aufgrund seiner sehr hohen Zündwilligkeit ermöglicht der Betrieb mit Wasserstoff eine starke Abmagerung und damit eine Steigerung des effektiven Wirkungsgrades des Ottomotors.

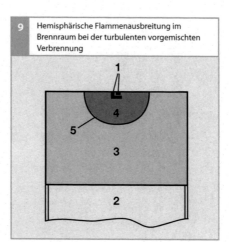

9 Hemisphärische Flammenausbreitung im Brennraum bei der turbulenten vorgemischten Verbrennung

Bild 9
1 Elektroden der Zündkerze
2 Kolben
3 Gemisch mit λ_g
4 Verbranntes Gas mit $\lambda_v \approx \lambda_g$
5 Flammenfront

λ bezeichnet die Luftzahl.

Verbrennung

Turbulente vorgemischte Verbrennung

Das homogene Brennverfahren stellt die Referenz bei der ottomotorischen Verbrennung dar. Dabei wird ein stöchiometrisches, homogenes Gemisch während der Verdichtungsphase durch einen Zündfunken entflammt. Der daraus entstehende Flammkern geht in eine turbulente, vorgemischte Verbrennung mit sich nahezu hemisphärisch (halbkugelförmig) ausbreitender Flammenfront über (Bild 9).

Hierzu wird eine zunächst laminare Flammenfront, deren Fortschrittgeschwindigkeit von Druck, Temperatur und Zusammensetzung des Unverbrannten abhängt, durch viele kleine, turbulente Wirbel zerklüftet. Dadurch vergrößert sich die Flammenoberfläche deutlich. Das wiederum erlaubt einen erhöhten Frischladungseintrag in die Reaktionszone und somit eine deutliche Erhöhung der Flammenfortschrittsgeschwindigkeit. Hieraus ist ersichtlich, dass die Turbulenz der Zylinderladung einen sehr relevanten Faktor zur Verbrennungsoptimierung darstellt.

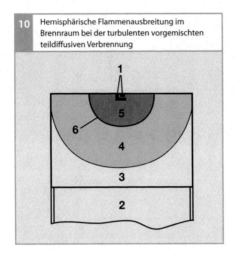

10 Hemisphärische Flammenausbreitung im Brennraum bei der turbulenten vorgemischten teildiffusiven Verbrennung

Bild 10
1 Elektroden der Zündkerze
2 Kolben
3 Luft (und Restgas) mit $\lambda \rightarrow \infty$
4 Gemisch mit $\lambda_g \approx 1$
5 Verbranntes Gas mit $\lambda_v \approx 1$
6 Flammenfront

Über den gesamten Brennraum gemittelt ergibt sich eine Luftzahl über eins.

Turbulente vorgemischte teildiffusive Verbrennung

Zur Senkung des Kraftstoffverbrauchs und somit der CO_2-Emission ist das Verfahren der geschichteten Fremdzündung beim Ottomotor, auch Schichtbetrieb genannt, ein vielversprechender Ansatz.

Bei der geschichteten Fremdzündung wird im Extremfall lediglich die Frischluft verdichtet und erst in Nähe des oberen Totpunkts der Kraftstoff eingespritzt sowie zeitnah von der Zündkerze gezündet. Dabei entsteht eine geschichtete Ladung, welche idealerweise in der Nähe der Zündkerze ein Luft-Kraftstoff-Verhältnis von $\lambda \approx 1$ besitzt, um die optimalen Bedingungen für die Entflammung und Verbrennung zu ermöglichen (Bild 10). In der Realität jedoch ergeben sich aufgrund der stochastischen Art der Zylinderinnenströmung sowohl fette als auch magere Gemisch-Zonen in der Nähe der Zündkerze. Dies erfordert eine höhere geometrische Genauigkeit in der Abstimmung der idealen Injektor- und Zündkerzenposition, um die Entflammungsrobustheit sicher zu stellen.

Nach erfolgter Zündung stellt sich eine überwiegend turbulente, vorgemischte Verbrennung ein, und zwar dort, wo der Kraftstoff schon verdampft innerhalb eines Luft-Kraftstoff-Gemisches vorliegt. Des Weiteren verläuft die Umsetzung eines Teils des Kraftstoffs an der Luft-Kraftstoff-Grenze verdampfender Tropfen als diffusive Verbrennung. Ein weiterer wichtiger Effekt liegt beim Verbrennungsende. Hierbei erreicht die Flamme sehr magere Bereiche, die früher ins Quenching führen, d. h. in den Zustand, bei welchem die thermodynamischen Bedingungen wie Temperatur und Gemischqualität nicht mehr ausreichen, die Flamme weiter fortschreiten zu lassen. Hieraus können sich erhöhte HC- und CO-Emissionen ergeben. Die NO_x-Bildung ist für dieses entdrosselte und verdünnte Brennverfahren im Vergleich zur homogenen stöchiometrischen Verbrennung relativ gering. Der Dreiwegekatalysator ist jedoch wegen des mageren Abgases nicht in der Lage, selbst die geringe NO_x-Emission zu reduzieren. Dies macht eine spezifische Nachbehandlung der Abgase erforderlich, z. B. durch den Einsatz eines NO_x-Speicherkatalysators oder durch die Anwendung der selektiven katalytischen Reduktion unter Verwendung eines geeigneten Reduktionsmittels.

Homogene Selbstzündung

Vor dem Hintergrund einer verschärften Abgasgesetzgebung bei gleichzeitiger Forderung nach geringem Kraftstoffverbrauch ist das Verfahren der homogenen Selbstzündung beim Ottomotor, auch HCCI (Homogeneous Charge Compression Ignition) genannt, eine weitere interessante Alternative. Bei diesem Brennverfahren wird ein stark mit Luft oder Abgas verdünntes Kraftstoffdampf-Luft-Gemisch im Zylinder bis zur Selbstzündung verdichtet. Die Verbrennung erfolgt als Volumenreaktion ohne Ausbildung einer turbulenten Flammenfront oder einer Diffusionsverbrennung (Bild 11).

Die thermodynamische Analyse des Arbeitsprozesses verdeutlicht die Vorteile des HCCI-Verfahrens gegenüber der Anwendung anderer ottomotorischer Brennverfahren mit konventioneller Fremdzündung: Die Entdrosselung (hoher Massenanteil, der am thermodynamischen Prozess teilnimmt und drastische Reduktion der Ladungswechselverluste), kalorische Vorteile bedingt durch die Niedrigtemperatur-Umsetzung und die schnelle Wärmefreisetzung führen zu einer Annäherung an den idealen Gleichraumprozess und somit zur Steigerung des thermischen Wirkungsgrades. Da die Selbstzündung und die Verbrennung an unterschiedlichen Orten im Brennraum gleichzeitig beginnen, ist die Flammenausbreitung im Gegensatz zum fremdgezündeten Betrieb nicht von lokalen Randbedingungen abhängig, so dass geringere Zyklusschwankungen auftreten.

Die kontrollierte Selbstzündung bietet die Möglichkeit, den Wirkungsgrad des Arbeitsprozesses unter Beibehaltung des klassischen Dreiwegekatalysators ohne zusätzliche Abgasnachbehandlung zu steigern. Die überwiegend magere Niedrigtemperatur-Wärmefreisetzung bedingt einen sehr niedrigen NO_x-Ausstoß bei ähnlichen HC-Emissionen und reduzierter CO-Bildung im Vergleich zum konventionellen fremdgezündeten Betrieb.

Irreguläre Verbrennung

Unter irregulärer Verbrennung beim Ottomotor versteht man Phänomene wie die klopfende Verbrennung, Glühzündung oder andere Vorentflammungserscheinungen. Eine klopfende Verbrennung äußert sich im Allgemeinen durch ein deutlich hörbares, metallisches Geräusch (Klingeln, Klopfen). Die schädigende Wirkung eines dauerhaften Klopfens kann zum völligen Ausfall des Mo-

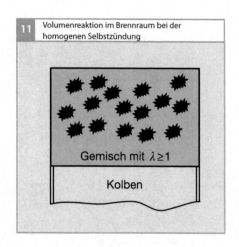

11 Volumenreaktion im Brennraum bei der homogenen Selbstzündung

Gemisch mit $\lambda \geq 1$

Kolben

tors führen. In heutigen Serienmotoren dient eine Klopfregelung dazu, den Motor bei Volllast gefahrlos an der Klopfgrenze zu betreiben. Hierzu wird die klopfende Verbrennung durch einen Sensor detektiert und der Zündwinkel vom Steuergerät entsprechend angepasst. Durch die Anwendung der Klopfregelung ergeben sich weitere Vorteile, insbesondere die Reduktion des Kraftstoffverbrauchs, die Erhöhung des Drehmoments sowie die Darstellung des Motorbetriebs in einem vergrößerten Oktanzahlbereich. Eine Klopfregelung ist allerdings nur dann anwendbar, wenn das Klopfen ein reproduzierbares und wiederkehrendes Phänomen ist.

Der Unterschied zwischen einer regulären und einer klopfenden Verbrennung ist in (Bild 12) dargestellt. Aus dieser wird deutlich, dass der Zylinderdruck bereits vor Klopfbeginn infolge hochfrequenter Druckwellen, welche durch den Brennraum pulsieren, im Vergleich zum nicht klopfenden Arbeitsspiel deutlich ansteigt. Bereits die frühe Phase der klopfenden Verbrennung zeichnet sich also gegenüber dem mittleren Arbeitsspiel (in Bild 12 als reguläre Verbrennung gekennzeichnet) durch einen schnelleren Massenumsatz aus. Beim Klopfen kommt es

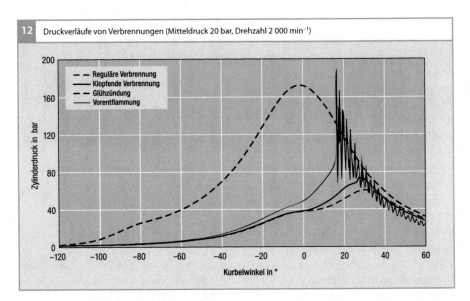

12 Druckverläufe von Verbrennungen (Mitteldruck 20 bar, Drehzahl 2 000 min⁻¹)

Legende:
- – – Reguläre Verbrennung
- —— Klopfende Verbrennung
- – – Glühzündung
- —— Vorentflammung

y-Achse: Zylinderdruck in bar (0, 40, 80, 120, 160, 200)
x-Achse: Kurbelwinkel in ° (−120, −100, −80, −60, −40, −20, 0, 20, 40, 60)

Bild 12
Der Kurbelwinkel ist auf den oberen Totpunkt in der Kompressionsphase (ZOT) bezogen.

zur Selbstzündung in den noch nicht von der Flamme erfassten Endgaszonen. Die stehenden Wellen, die anschließend durch den Brennraum fortschreiten, verursachen das hörbare, klingelnde Geräusch. Im Motorbetrieb wird das Eintreten von Klopfen durch eine Spätverstellung des Zündwinkels vermieden. Dies führt, je nach resultierender Schwerpunktslage der Verbrennung, zu einem nicht unerheblichen Wirkungsgradverlust.

Die Glühzündung führt gewöhnlich zu einer sehr hohen mechanischen Belastung des Motors. Die Entflammung des Frischgemischs erfolgt hierbei teilweise deutlich vor dem regulären Auslösen des Zündfunkens. Häufig kommt es zu einem sogenannten Run-on, wobei nach starkem Klopfen der Zeitpunkt der Entzündung mit jedem weiteren Arbeitsspiel früher erfolgt. Dabei wird ein Großteil des Frischgemisches bereits deutlich vor dem oberen Totpunkt in der Kompressionsphase umgesetzt (**Bild 12**). Druck und Temperatur im Brennraum steigen dabei aufgrund der noch ablaufenden

Kompression stark an. Hat sich die Glühzündung erst eingestellt, kommt es im Gegensatz zur klopfenden Verbrennung zu keinem wahrnehmbaren Geräusch, da die pulsierenden Druckwellen im Brennraum ausbleiben. Solch eine extrem frühe Glühzündung führt meistens zum sofortigen Ausfall des Motors. Bevorzugte Stellen, an denen eine Oberflächenzündung beginnen kann, sind überhitzte Ventile oder Zündkerzen, glühende Verbrennungsrückstände oder sehr heiße Stellen im Brennraum wie beispielsweise Kanten von Kolbenmulden. Eine Oberflächenzündung kann durch entsprechende Auslegung der Kühlkanäle im Bereich des Zylinderkopfs und der Laufbuchse in den meisten Fällen vermieden werden.

Eine Vorentflammung zeichnet sich durch eine unkontrollierte und sporadisch auftretende Selbstentflammung aus, welche vor allem bei kleinen Drehzahlen und hohen Lasten auftritt. Der Zeitpunkt der Selbstentflammung kann dabei von deutlich vor bis zum Zeitpunkt der Zündeinleitung selbst variieren. Betroffen von diesem Phänomen sind generell hoch aufgeladene Motoren mit hohen Mitteldrücken im unteren Drehzahlbereich (Low-End-Torque). Hier entfällt bis heute die Möglichkeit zur effektiven Regelung, die dem Auftreten der Vorentflammung entgegenwirken könnte, da die Ereignisse meist einzeln auftreten und nur selten unmittelbar in mehreren Arbeitsspielen aufeinander folgen. Als Reaktion wird bei Serienmotoren nach heutigem Stand zunächst der Ladedruck reduziert. Tritt weiterhin ein Vorentflammungsereignis auf, wird als letzte Maßnahme die Einspritzung ausgeblendet. Die Folge einer Vorentflammung ist eine schlagartige Umsetzung der verbliebenen Zylinderladung mit extremen Druckgradienten und sehr hohen Spitzendrücken, die teilweise 300 bar erreichen. Im Allgemeinen führt ein Vorentflammungsereignis daraufhin immer zu extremem Klopfen und gleicht vom Ablauf her einer Verbrennung, wie sie sich bei extrem früher Zündeinleitung (Überzündung) darstellt. Die Ursache hierfür ist noch nicht vollends geklärt. Vielmehr existieren auch hier mehrere Erklärungsversuche. Die Direkteinspritzung spielt hier eine relevante Rolle, da zündwillige Tropfen und zündwilliger Kraftstoffdampf in den Brennraum gelangen können. Unter anderem stehen Ablagerungen (Partikel, Ruß usw.) im Verdacht, da sie sich von der Brennraumwand lösen und als Initiator in Betracht kommen. Ein weiterer Erklärungsversuch geht davon aus, dass Fremdmedien (z. B. Öl) in den Brennraum gelangen, welche eine kürzere Zündverzugszeit aufweisen als übliche Kohlenwasserstoff-Bestandteile im Ottokraftstoff und damit das Reaktionsniveau entsprechend herabsetzen. Die Vielfalt des Phänomens ist stark motorabhängig und lässt sich kaum auf eine allgemeine Ursache zurückführen.

Drehmoment, Leistung und Verbrauch

Drehmomente am Antriebsstrang

Die von einem Ottomotor abgegebene Leistung P wird durch das verfügbare Kupplungsmoment M_k und die Motordrehzahl n bestimmt. Das an der Kupplung verfügbare Moment (Bild 13) ergibt sich aus dem durch den Verbrennungsprozess erzeugten Drehmoment, abzüglich der Ladungswechselverluste, der Reibung und dem Anteil zum Betrieb der Nebenaggregate. Das Antriebsmoment ergibt sich aus dem Kupplungsmoment abzüglich der an der Kupplung und im Getriebe auftretenden Verluste.

Das aus dem Verbrennungsprozess erzeugte Drehmoment wird im Arbeitstakt (Verbrennung und Expansion) erzeugt und ist bei Ottomotoren hauptsächlich abhängig von:

● der Luftmasse, die nach dem Schließen der Einlassventile für die Verbrennung zur Verfügung steht – bei homogenen Brennverfahren ist die Luft die Führungsgröße,
● der Kraftstoffmasse im Zylinder – bei geschichteten Brennverfahren ist die Kraftstoffmasse die Führungsgröße,
● dem Zündzeitpunkt, zu welchem der Zündfunke die Entflammung und Verbrennung des Luft-Kraftstoff-Gemisches einleitet.

Definition von Kenngrößen

Das instationäre innere Drehmoment M_i im Verbrennungsmotor ergibt sich aus dem Produkt von resultierender tangentialer Kraft F_T und Hebelarm r an der Kurbelwelle:

$$M_i = F_T r. \tag{4}$$

Die am Kurbelradius r wirkende Tangentialkraft F_T (Bild 14) resultiert aus der Kolbenkraft des Zylinders F_z, dem Kurbelwinkel φ und dem Pleuelschwenkwinkel β zu:

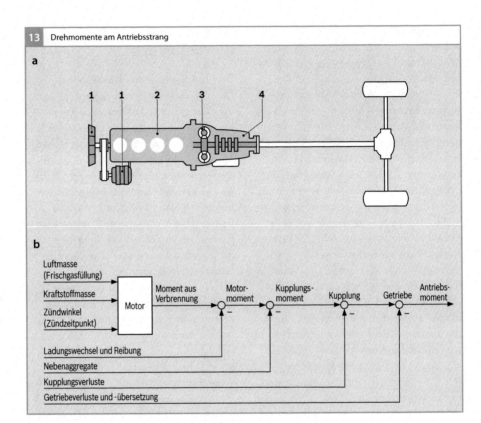

13   Drehmomente am Antriebsstrang

a

b

Bild 13

a   schematische An-
    ordnung der Kom-
    ponenten
b   Drehmomente am
    Antriebsstrang

1   Nebenaggregate
    (Generator, Klima-
    kompressor usw.)
2   Motor
3   Kupplung
4   Getriebe

14   Kräfte an Pleuel und Kurbelwelle

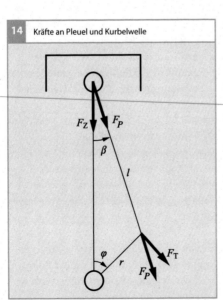

Bild 14

l Pleuellänge
r Kurbelradius
φ Kurbelwinkel
β Pleuelschwenk-
    winkel
F_Z Kolbenkraft
F_p Pleuelstangenkraft
F_T Tagentialkraft

$$F_T = F_z \frac{\sin(\varphi + \beta)}{\cos\beta} . \qquad (5)$$

Mit

$$r\sin\varphi = l\sin\beta \qquad (6)$$

und der Einführung des Schubstangenver-
hältnisses λ_l

$$\lambda_l = \frac{r}{l} \qquad (7)$$

ergibt sich für die Tangentialkraft:

$$F_T = F_z\left(\sin\varphi + \lambda_l\,\frac{\sin\varphi\cos\varphi}{\sqrt{1-\lambda_l^{\,2}\sin^2\varphi}}\right). \qquad (8)$$

Die Kolbenkraft F_z ist ihrerseits bestimmt
durch das Produkt aus der lichten Kolbenflä-

che A, die sich aus dem Kolbenradius r_K zu

$$A_K = r_K^2 \pi \qquad (9)$$

ergibt und dem Differenzdruck am Kolben, welcher durch den Brennraumdruck p_Z und dem Druck p_K im Kurbelgehäuse gegeben ist:

$$F_Z = A_K(p_Z - p_K) = r_K^2 \pi (p_Z - p_K). \qquad (10)$$

Für das instationäre innere Drehmoment M_i ergibt sich schließlich in Abhängigkeit der Stellung der Kurbelwelle:

$$M_i = r_K^2 \pi (p_Z - p_K)$$
$$\left(\sin \varphi + \lambda_l \frac{\sin \varphi \cos \varphi}{\sqrt{1 - \lambda_l^2 \sin^2 \varphi}} \right) r.$$
$$\qquad (11)$$

Für die Hubfunktion s, welche die Bewegung des Kolbens bei einem nicht geschränktem Kurbeltrieb beschreibt, folgt aus der Beziehung

$$s = r(1 - \cos \varphi) + l(1 - \cos \beta) \qquad (12)$$

der Ausdruck:

$$s = \left(1 + \frac{1}{\lambda_l} - \cos \varphi - \sqrt{\frac{1}{\lambda_l^2} - \sin^2 \varphi} \right) r. \qquad (13)$$

Damit ist die augenblickliche Stellung des Kolbens durch den Kurbelwinkel φ, durch den Kurbelradius r und durch das Schubstangenverhältnis λ_l beschrieben. Das momentane Zylindervolumen V ergibt sich aus der Summe von Kompressionsendvolumen V_K und dem Volumen, welches sich über die Kolbenbewegung s mit der lichten Kolbenfläche A_K ergibt:

$$V = V_K + A_K s = V_K +$$
$$r_K^2 \pi \left(1 + \frac{1}{\lambda_l} - \cos \varphi - \sqrt{\frac{1}{\lambda_l^2} - \sin^2 \varphi} \right) r. \qquad (14)$$

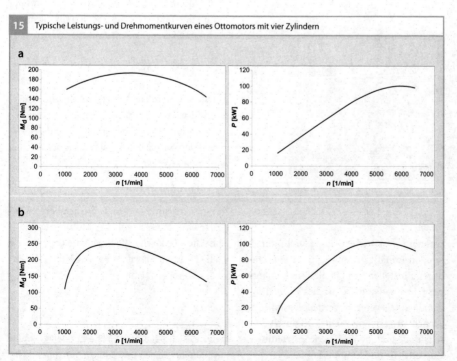

15 Typische Leistungs- und Drehmomentkurven eines Ottomotors mit vier Zylindern

Bild 15
a 1,9 l Hubraum ohne Aufladung
b 1,4 l Hubraum mit Aufladung
n Drehzahl
M_d Drehmoment
P Leistung

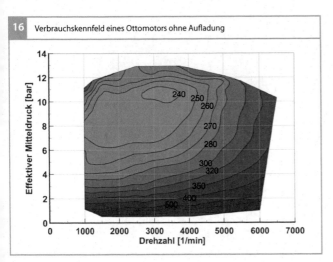

Bild 16
Die Zahlen geben den
Wert für b_e in g/kWh an.

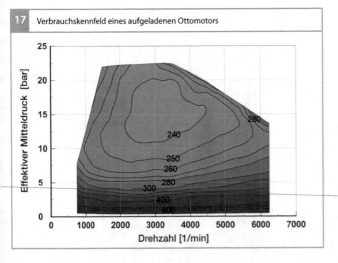

Bild 17
Die Zahlen geben
den spezifischen Kraft-
stoffverbrauch b_e
in g/kWh an.

Das am Kurbeltrieb erzeugte Drehmoment
kann in Abhängigkeit des Fahrerwunsches
durch Einstellen von Qualität und Quantität
des Luft-Kraftstoff-Gemisches sowie des
Zündwinkels geregelt werden. Das maximal
erreichbare Drehmoment wird durch die
maximale Füllung und die Konstruktion des
Kurbeltriebs und Zylinderkopfes begrenzt.

Das effektive Drehmoment an der Kurbelwelle M_d entspricht der inneren technischen
Arbeit abzüglich aller Reibungs- und Aggre-
gateverluste. Üblicherweise erfolgt die Auslegung des maximalen Drehmomentes für
niedrige Drehzahlen ($n \approx 2\,000$ min^{-1}), da in
diesem Bereich der höchste Wirkungsgrad
des Motors erreicht wird.

Die innere technische Arbeit W_i kann direkt aus dem Druck im Zylinder und der Vo-
lumenänderung während eines Arbeitsspiels
in Abhängigkeit der Taktzahl n_T berechnet
werden:

$$W_i = \int_{0°}^{\varphi_T} p \frac{dV}{d\varphi} d\varphi, \tag{15}$$

wobei

$$\varphi_T = n_T \cdot 180° \tag{16}$$

beträgt.

Unter Verwendung des an der Kurbelwelle
des Motors abgegebenen Drehmomentes M_d
und der Taktzahl n_T ergibt sich für die effektive Arbeit:

$$W_e = 2\pi \frac{n_T}{2} M_d. \tag{17}$$

Die auftretenden Verluste durch Reibung
und Nebenaggregate können als Differenz
zwischen der inneren Arbeit W_i und der effektiven Nutzarbeit W_e als Reibarbeit W_R angegeben werden:

$$W_R = W_i - W_e. \tag{18}$$

Eine Drehmomentgröße, die das Vergleichen
der Last unterschiedlicher Motoren erlaubt,
ist die spezifische effektive Arbeit w_e, welche
die effektive Arbeit W_e auf das Hubvolumen
des Motors bezieht:

$$w_e = \frac{W_e}{V_H}. \tag{19}$$

Da es sich bei dieser Größe um den Quoti-
enten aus Arbeit und Volumen handelt, wird

diese oft als effektiver Mitteldruck p_{me} bezeichnet.

Die effektiv vom Motor abgegebene Leistung P resultiert aus dem erreichten Drehmoment M_d und der Motordrehzahl n zu:

$$P = 2\pi M_d n. \qquad (20)$$

Die Motorleistung steigt bis zur Nenndrehzahl. Bei höheren Drehzahlen nimmt die Leistung wieder ab, da in diesem Bereich das Drehmoment stark abfällt.

Verläufe

Typische Leistungs- und Drehmomentkurven je eines Motors ohne und mit Aufladung, beide mit einer Leistung von 100 kW, werden in Bild 15 dargestellt.

Spezifischer Kraftstoffverbrauch

Der spezifische Kraftstoffverbrauch b_e stellt den Zusammenhang zwischen dem Kraftstoffaufwand und der abgegebenen Leistung des Motors dar. Er entspricht damit der Kraftstoffmenge pro erbrachte Arbeitseinheit und wird in g/kWh angegeben. Die Bilder 16 und 17 zeigen typische Werte des spezifischen Kraftstoffverbrauchs im homogenen, fremdgezündeten Betriebskennfeld eines Ottomotors ohne und mit Aufladung.

Kraftstoffversorgung

Überblick

Aufgabe des Kraftstoffversorgungssystems ist es, den Kraftstoff vom Tank in definierter Menge mit einem spezifizierten Druck zum Verbrennungsmotor im Motorraum zu fördern. Die jeweilige Schnittstelle bildet beim Motor mit Saugrohreinspritzung (SRE) der Kraftstoffverteiler mit den Saugrohr-Einspritzventilen und beim Motor mit Benzin-Direkteinspritzung (BDE) die Hochdruckpumpe.

Der grundsätzliche Aufbau der Kraftstoffversorgungssysteme ist für beide Einspritzarten ähnlich: der Kraftstoff wird aus dem Tank (dem Kraftstoffspeicher) mittels einer Elektrokraftstoffpumpe durch Kraftstoffleitungen aus Stahl oder Kunststoff zum Motor gefördert. Unterschiedliche Anforderungen führen aber zum Teil zu abweichenden Systemauslegungen und einer Vielfalt an Varianten.

Bei der Saugrohreinspritzung fördert eine Elektrokraftstoffpumpe den Kraftstoff aus dem Tank über die Leitungen und den Kraftstoffverteiler (auch Kraftstoff-Rail genannt) direkt zu den Einspritzventilen. Bei der Benzin-Direkteinspritzung wird der Kraftstoff ebenfalls mit einer Elektrokraftstoffpumpe aus dem Tank gefördert, anschließend wird er jedoch durch eine Hochdruckpumpe zunächst auf einen höheren Druck verdichtet und danach den Hochdruck-Einspritzventilen zugeführt.

Kraftstoffförderung bei Saugrohreinspritzung

Eine Elektrokraftstoffpumpe (EKP) fördert den Kraftstoff und erzeugt den Einspritzdruck, der bei der Saugrohreinspritzung typischerweise etwa 0,3...0,4 MPa (3...4 bar) beträgt. Der aufgebaute Kraftstoffdruck verhindert weitgehend die Bildung von Dampfblasen im Kraftstoffsystem. Ein in die Pumpe integriertes Rückschlagventil unterbindet das Rückströmen von Kraftstoff durch die Pumpe zurück zum Kraftstoffbehälter und erhält so den Systemdruck abhängig vom Abkühlverlauf des Kraftstoffsystems und von internen Leckagen auch nach Abschalten der Elektrokraftstoffpumpe noch einige Zeit aufrecht. So wird die Bildung von Dampfblasen im Kraftstoffsystem bei erhöhten Kraftstofftemperaturen auch nach Abstellen des Motors verhindert.

Es existieren unterschiedliche Arten von Kraftstoffversorgungssystemen. Prinzipiell unterscheidet man vollfördernde und bedarfsgeregelte Systeme. Bei den vollfördernden Systemen wird zwischen Systemen mit Rücklauf vom Motor und rücklauffreien Systemen unterschieden.

System mit Rücklauf
Der Kraftstoff wird von der Kraftstoffpumpe (Bild 1, Pos. 2) aus dem Kraftstoffbehälter (1) angesaugt und durch den Kraftstofffilter (3) und die Druckleitung (4) zum am Motor montierten Kraftstoffverteiler (5) gefördert. Über den Kraftstoffverteiler werden die Einspritzventile (7) mit Kraftstoff versorgt. Ein am Rail angebrachter mechanischer Druckregler (6) hält durch seine direkte Referenz zum Saugrohr den Differenzdruck zwischen Einspritzventilen und Saugrohr konstant – unabhängig vom absoluten Saugrohrdruck, d. h. von der Motorlast.

Der vom Motor nicht benötigte Kraftstoff strömt durch das Rail über eine am Druckregler angeschlossene Rücklaufleitung (8) zurück in den Kraftstoffbehälter. Der überschüssige, im Motorraum erwärmte Kraftstoff führt zu einem Anstieg der Kraftstofftemperatur im Tank. Abhängig von dieser Temperatur entstehen Kraftstoffdämpfe. Diese werden umweltschonend über ein Tankentlüftungssystem in einem Aktivkohlefilter zwischengespeichert und über das

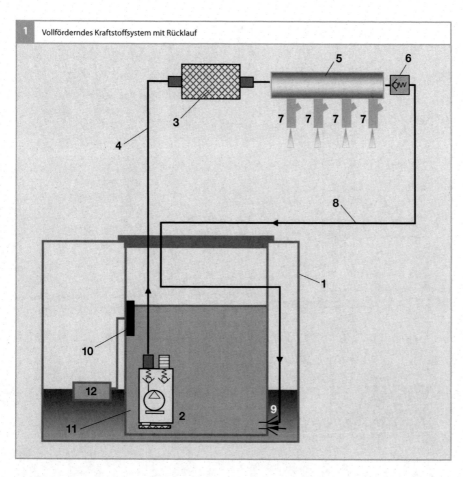

1 Vollförderndes Kraftstoffsystem mit Rücklauf

Bild 1
1 Kraftstoffbehälter
2 Elektrokraftstoff-
pumpe
3 Kraftstofffilter
4 Kraftstoffleitung
5 Kraftstoffverteiler
6 Druckregler
7 Einspritzventile
8 Rücklaufleitung
9 Saugstrahlpumpe
10 Tankfüllstandsgeber
11 Reservoir
12 Schwimmer

Saugrohr der angesaugten Luft und somit dem Motor zugeführt. Mit dem vom motornahen Druckregler (6) zurückströmenden Kraftstoff wird am Tankeinbaumodul eine Saugstrahlpumpe (9, auch Saugstrahl-Düse genannt) angetrieben, mit deren Treibmenge ein Kraftstoff-Förderstrom in ein Reservoir gefördert wird, um der Elektrokraftstoffpumpe (2) unter allen Bedingungen immer ein sicheres Ansaugen zu ermöglichen.

Rücklauffreies System
Beim rücklauffreien Kraftstoffversorgungssystem (**Bild 2**) befindet sich der Druckregler (6) im Kraftstoffbehälter und ist Bestandteil des Tankeinbaumoduls. Dadurch entfällt die Rücklaufleitung vom Motor zum Kraftstoffbehälter. Da der Druckregler aufgrund seines Anbauorts keine Referenz zum Saugrohrdruck hat, hängt der relative Einspritzdruck, der über dem Einspritzventil abfällt, hier von der Motorlast ab. Dies wird bei der Berechnung der Einspritzzeit im Motorsteuergerät berücksichtigt.

Dem Kraftstoffverteiler (5) wird nur die Kraftstoffmenge zugeführt, die auch einge-

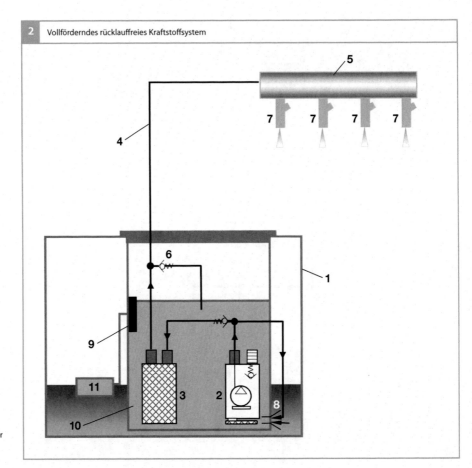

2   Vollförderndes rücklauffreies Kraftstoffsystem

Bild 2
1 Kraftstoffbehälter
2 Elektrokraftstoff-
   pumpe
3 Kraftstofffilter
4 Kraftstoffleitung
5 Kraftstoffverteiler
   (Rail)
6 Druckregler
7 Einspritzventile
8 Saugstrahlpumpe
9 Tankfüllstandsgeber
10 Reservoir
11 Schwimmer

spritzt wird. Die von der vollfördernden
Elektrokraftstoffpumpe (2) geförderte Mehr-
menge wird direkt vom tanknahen Druckregler (6) in den Kraftstoffbehälter geleitet,
ohne den Umweg über den Motorraum zu
nehmen. Daher ist die Erwärmung des
Kraftstoffs im Kraftstoffbehälter und damit
auch die Kraftstoffverdunstung deutlich geringer als beim System mit Rücklauf. Aufgrund dieser Vorteile werden heute überwiegend rücklauffreie Systeme eingesetzt. Die
Saugstrahlpumpe (8) wird in diesem System
direkt im Fördermodul aus dem Vorlauf der
Elektrokraftstoffpumpe betrieben.

Bedarfsgeregeltes System
Beim bedarfsgeregelten System (**Bild 3**) wird
von der Kraftstoffpumpe nur die aktuell vom
Motor verbrauchte und zur Einstellung des
gewünschten Drucks notwendige Kraftstoffmenge gefördert. Die Druckeinstellung erfolgt über eine modellbasierte Vorsteuerung
und einen geschlossenen Regelkreis, wobei
der aktuelle Kraftstoffdruck über einen Nie-
derdrucksensor erfasst wird. Der mechanische Druckregler entfällt und wird durch ein
Druckbegrenzungsventil ersetzt (Pressure
Relief Valve PRV), damit sich auch bei
Schubabschaltung oder nach Abstellen des

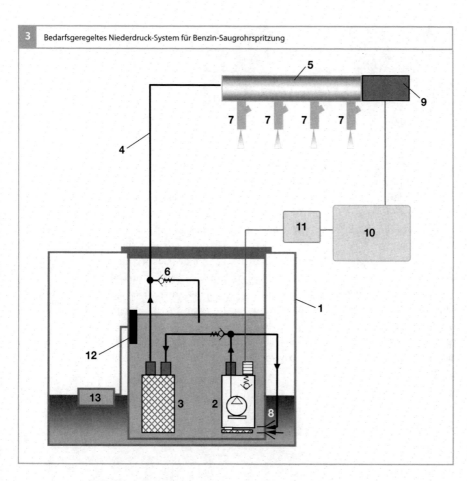

3 Bedarfsgeregeltes Niederdruck-System für Benzin-Saugrohrspritzung

Bild 3
1 Kraftstoffbehälter
2 Elektrokraftstoff-
 pumpe
3 Kraftstofffilter
4 Kraftstoffleitung
5 Kraftstoffverteiler
6 Druckbegrenzungs-
 ventil
7 Einspritzventile
8 Saugstrahlpumpe
9 Kraftstoff-Drucksen-
 sor (für Niederdruck)
10 Motorsteuergerät
11 Pumpenelektronik-
 modul
12 Tankfüllstandsgeber
13 Schwimmer

Motors kein zu hoher Druck aufbauen kann. Zur Einstellung der Fördermenge wird die Betriebsspannung der Kraftstoffpumpe über ein vom Motorsteuergerät angesteuertes Pumpelektronikmodul eingestellt. Der Druck variiert in diesem System zwischen 250 und 600 kPa relativ zur Umgebung, kann aber auch auf einen konstanten Wert eingestellt werden.

Aufgrund der Bedarfsregelung wird kein überschüssiger Kraftstoff komprimiert und somit die Pumpenleistung auf das gerade erforderliche Maß minimiert. Dies führt gegenüber Systemen mit vollfördernder

Pumpe zu einer Senkung des Kraftstoffverbrauchs. So kann auch die Kraftstofftemperatur im Tank gegenüber dem rücklauffreien System noch weiter reduziert werden.

Weitere Vorteile des bedarfsgeregelten Systems ergeben sich aus dem variabel einstellbaren Kraftstoffdruck. Zum einen kann der Druck beim Heißstart erhöht werden, um die Bildung von Dampfblasen zu vermeiden. Zum anderen kann vor allem bei Turbomotoren der Zumessbereich der Einspritzventile erweitert werden (durch Einspritzmengenspreizung), indem bei Volllast eine Druckanhebung und bei sehr kleinen

Einspritzart	Saugrohreinspritzung		Benzindirekteinspritzung
Variante	Konstanter Druck	Variabler Druck	Variabler Druck
Druck in kPa	≈ 350	250 ... 600	200 ... 600
Vorteile gegenüber konstanter Fördermenge		– Erweiterter Zumessbereich – Bessere Gemischaufbereitung im Kaltstart	Besserer Heißstart

Lasten eine Druckabsenkung realisiert wird. Eine zunehmend genutzte Möglichkeit besteht auch darin, den Einspritzdruck beim Kaltstart zu erhöhen, um damit die Zerstäubung und Gemischaufbereitung der Einspritzventile zu verbessern.

Des Weiteren ergeben sich mithilfe des gemessenen Kraftstoffdrucks verbesserte Diagnosemöglichkeiten des Kraftstoffsystems gegenüber bisherigen Systemen. Darüber hinaus führt die Berücksichtigung des aktuellen Kraftstoffdrucks bei der Berechnung der Einspritzzeit zu einer präziseren Kraftstoffzumessung.

Kraftstoffförderung bei Benzin-Direkteinspritzung

Bei der direkten Einspritzung von Kraftstoff in den Brennraum steht im Vergleich zur Einspritzung in das Saugrohr nur ein verkürztes Zeitfenster zur Verfügung. Auch kommt der Gemischaufbereitung eine erhöhte Bedeutung zu. Daher muss der Kraftstoff bei der Direkteinspritzung mit deutlich höherem Druck eingespritzt werden als bei der Saugrohreinspritzung. Das Kraftstoffsystem unterteilt sich in Niederdruckkreislauf und Hochdruckkreislauf.

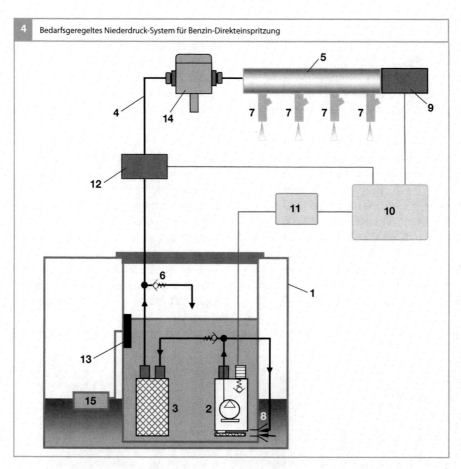

4   Bedarfsgeregeltes Niederdruck-System für Benzin-Direkteinspritzung

Bild 4
1 Kraftstoffbehälter
2 Elektrokraftstoff-
  pumpe
3 Kraftstofffilter (in-
  tern)
4 Kraftstoffleitung
5 Kraftstoffverteiler
  (Rail)
6 Druckbegrenzungs-
  ventil
7 Hochdruck-Ein-
  spritzventile
8 Saugstrahlpumpe
9 Drucksensor (für
  Hochdruck)
10 Motorsteuergerät
11 Pumpenelektronik-
   modul
12 Drucksensor (für
   Niederdruck)
13 Tankfüllstandsgeber
14 Hochdruckpumpe
15 Schwimmer

Niederdruckkreis

Für den Niederdruckkreislauf eines Systems zur Benzin-Direkteinspritzung kommen im Prinzip die aus der Saugrohreinspritzung bekannten Kraftstoffsysteme und Komponenten zum Einsatz. Da die im Hochdruckkreislauf eingesetzten Hochdruckpumpen zur Vermeidung von Dampfblasenbildung im Heißstart und Heißbetrieb einen erhöhten Vorförderdruck (Vordruck) benötigen, ist es vorteilhaft, Systeme mit variablem Niederdruck einzusetzen. Bedarfsgeregelte Niederdrucksysteme eignen sich hier besonders gut, da sich für jeden Betriebszustand des Motors der jeweils optimale Vordruck für die Hochdruckpumpe einstellen lässt. Die entsprechenden Anforderungen sind in Tabelle 1 dargestellt, eine Realisierung in Bild 4.

Es kommen aber auch noch rücklauffreie Systeme mit umschaltbarem Vordruck – gesteuert über ein Absperrventil – oder Systeme mit konstant hohem Vordruck zum Einsatz, die aber energetisch als nicht optimal zu bewerten sind.

Ottokraftstoffe

Überblick

Seit der Erfindung des Ottomotors haben sich die Anforderungen an Ottokraftstoffe, die umgangssprachlich auch als Benzin bezeichnet werden, erheblich geändert. Die kontinuierliche Weiterentwicklung der Motorentechnik und der Schutz der Umwelt erfordern qualitativ hochwertige Kraftstoffe, damit ein störungsfreier Fahrbetrieb und niedrige Abgasemissionen gewährleistet sind. Anforderungen an die Zusammensetzung und die Eigenschaften des Kraftstoffs sind in Kraftstoffspezifikationen festgelegt, auf die bei der Gesetzgebung referenziert werden kann.

Historische Entwicklung
Die ersten Raffinerien, die im 19. Jahrhundert entstanden, stellten aus Erdöl durch Destillation Petroleum her, welches als Lampenöl Verwendung fand. Ein Abfallprodukt war dabei eine Flüssigkeit, die sich schon bei relativ niedrigen Temperaturen verflüchtigte. Diese Flüssigkeit war in Deutschland unter dem Namen Benzin bekannt. Ebenfalls zu den Benzinen zählt Ligroin, welches bei der Leuchtgasgewinnung durch Kohlevergasung entsteht. Es wurde früher als Waschbenzin eingesetzt.

Der erste Viertakt-Ottomotor aus dem Jahr 1876 lief noch mit Leuchtgas und war bei geringer Leistung relativ schwer. Die in der Folgezeit entwickelten kleinen, schnell laufenden Viertakter für den Einsatz im Automobil wurden für flüssige Kraftstoffe ent-

5   Molekülstrukturen von Kraftstoffkomponenten

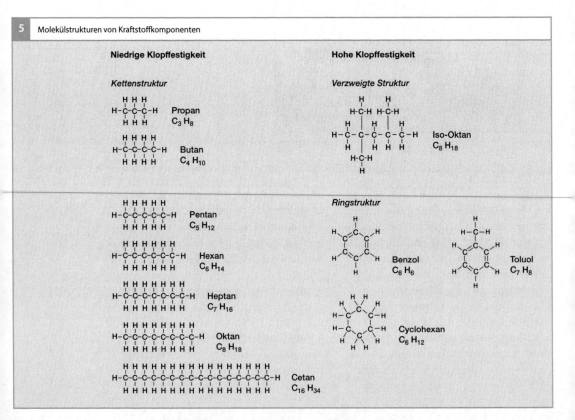

wickelt und mit Leichtbenzin, z. B. dem oben genannten Ligroin, betrieben. Erhältlich war Ligroin in der Apotheke. Mit Einführung des Spritzdüsenvergasers war man auch in der Lage, die Motoren mit schwerflüchtigerem Benzin zu betreiben, was die Verfügbarkeit von geeigneten Kraftstoffen bedeutend verbesserte.

Erste Raffinerien speziell für Benzin entstanden ab 1913. Zur Ausbeuteverbesserung bei der Benzinerzeugung wurden chemische Verfahren entwickelt, welche die chemische Zusammensetzung und Eigenschaften des Benzins veränderten. Bereits zu dieser Zeit wurden auch die ersten Additive oder „Qualitätsverbesserer" eingeführt. In den folgenden Jahrzehnten wurden weitere Nachbearbeitungsverfahren zur Erhöhung der Benzinausbeute und der Kraftstoffqualität entwickelt, um den Anforderungen der Umweltgesetzgebung und der Weiterentwicklung der Ottomotoren Rechnung zu tragen.

Kraftstoffsorten und Zusammensetzung
In Deutschland werden zwei Super-Kraftstoffe mit 95 Oktan angeboten, die sich im Ethanolgehalt unterscheiden und maximal 5 Volumenprozent Ethanol (für Super) beziehungsweise 10 Volumenprozent Ethanol (für Super E10) enthalten dürfen. Außerdem ist ein Super-Plus-Kraftstoff mit 98 Oktan erhältlich. Einzelne Anbieter haben ihre Super-Plus-Kraftstoffe durch 100-Oktan-Kraftstoffe (V-Power 100, Ultimate 100, Super 100) ersetzt, die in Grundqualität und durch Zusatz von Additiven verändert sind. Additive sind Wirksubstanzen, die zur Verbesserung von Fahrverhalten und Verbrennung zugesetzt werden.

In den USA wird zwischen Regular (92 Oktan), Premium (94 Oktan) und Premium Plus (98 Oktan) unterschieden; die Kraftstoffe in den USA enthalten in der Regel 10 Volumenprozent Ethanol. Durch den Zusatz sauerstoffhaltiger Komponenten wird die Oktanzahl erhöht und den Anforderungen moderner, immer höher verdichtender Motoren nach besserer Klopffestigkeit Rechnung getragen.

Ottokraftstoffe bestehen zum Großteil aus Paraffinen und Aromaten (Bild 5). Paraffine mit einem rein kettenförmigen Aufbau (n-Paraffine) zeigen zwar eine sehr gute Zündwilligkeit, allerdings auch eine geringe Klopffestigkeit. Iso-Paraffine und Aromaten sind Kraftstoffkomponenten mit hoher Klopffestigkeit. Die meisten Ottokraftstoffe, die heute angeboten werden, enthalten sauerstoffhaltige Komponenten (Oxygenates). Dabei ist insbesondere Ethanol von Bedeutung, da die „EU-Biofuels Directive" Mindestgehalte an erneuerbaren Kraftstoffen vorgibt, die in vielen Staaten mit Bioethanol realisiert werden. Länder wie China, die vorhaben, ihren hohen Kraftstoffbedarf aus Kohle zu decken, werden zukünftig verstärkt auf Methanol setzen. Aber auch die aus Methanol oder Ethanol herstellbaren Ether MTBE (Methyltertiärbutylether) bzw. ETBE (Ethyltertiärbutylether) werden eingesetzt, von denen in Europa derzeit bis zu 22 Volumenprozent zugegeben werden dürfen.

Reformulated Gasoline bezeichnet Ottokraftstoff, der durch eine veränderte Zusammensetzung niedrigere Verdampfungs- und Schadstoffemissionen verursacht als herkömmliches Benzin. Die Anforderungen an Reformulated Gasoline sind in den USA im Clean Air Act von 1990 festgelegt. Es sind z. B. niedrigere Grenzwerte für Dampfdruck, Aromaten- und Benzolgehalt sowie für das Siedeende vorgegeben. Die Zugabe von Additiven zur Reinhaltung des Einlasssystems ist ebenfalls vorgeschrieben.

Herstellung
Bei der Produktion von Kraftstoffen wird zwischen fossilen und regenerativen Verfahren unterschieden (siehe Bild 6). Kraftstoffe werden überwiegend aus fossilem Erdöl her-

gestellt. Erdgas als zweiter fossiler Energie-
träger spielt eine untergeordnete Rolle – sowohl in der Direktnutzung als gasförmiger
Kraftstoff, als auch als Ausgangsprodukt für
die Herstellung von synthetischen paraffini-
schen Kraftstoffen. Das für die Herstellung
synthetischer Kraftstoffe benötigte Synthesegas kann auch aus Kohle erzeugt werden.
Kohle als Rohstoff wird allerdings nur unter
besonderen politischen und regionalen
Randbedingungen eingesetzt. Die Verwendung von Biomasse zur Synthesegaserzeu-
gung befindet sich noch im Versuchssta-
dium. Aus dem Synthesegas werden an
Katalysatoren in der Fischer-Tropsch-Syn-
these paraffinische Kohlenwasserstoffmoleküle verschiedener Kettenlänge aufgebaut,
die für die Zumischung zu Kraftstoffen oder
für den direkten motorischen Einsatz chemisch noch weiter modifiziert werden
müssen.

Die Herstellung von Biokraftstoffen gewinnt zunehmend an Bedeutung, wobei im
Wesentlichen drei Verfahren genutzt werden. Die direkte Vergärung von Biomasse
führt zu Biogas. Bioethanol erhält man
durch Vergärung zucker- oder stärkehaltiger

Agrarfrüchte. Pflanzliche Öle oder tierische
Fette können entweder zu Biodiesel um-
geestert oder durch Hydrierung in paraffinische Kraftstoffe (hydriertes Pflanzenöl,
Hydro-Treated Vegetable Oil HVO) umgewandelt werden.

Konventionelle Kraftstoffe

Erdöl ist ein Gemisch aus einer Vielzahl von
Kohlenwasserstoffen und wird in Raffinerien
verarbeitet. Benzin, Kerosin, Dieselkraftstoff
und Schweröle sind typische Raffinieriepro-
dukte, deren Mengenverhältnis durch die
technische Ausstattung der Raffinerie bestimmt wird und nur eingeschränkt einer
sich ändernden Marktnachfrage angepasst
werden kann. Bei der Destillation des Erdöls
wird das Gemisch an Kohlenwasserstoffen in
Gruppen (Fraktionen) ähnlicher Molekül-
größe aufgetrennt. Bei der Destillation unter
Atmosphärendruck werden die leicht sie-
denden Anteile wie Gase, Benzine und Mit-
teldestillat abgetrennt. Eine Vakuumdestillation des Rückstandes liefert leichtes und
schweres Vakuumgasöl, die die Grundlage
für Diesel und leichtes Heizöl bilden. Der
bei der „Vakuumdestillation" verbleibende

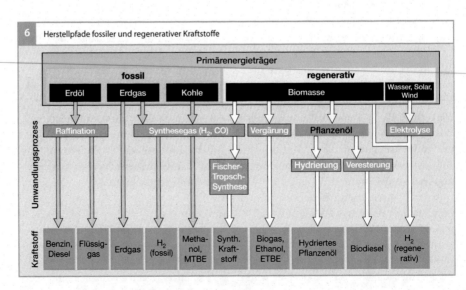

Bild 6
ETBE Ethyltertiär-
butylether
MTBE Methyltertiär-
butylether

Anforderungen	Einheit	Spezifikationswert	
Klopffestigkeit		Minimalwert	Maximalwert
Research-Oktanzahl Super	–	95	–
Motor-Oktanzahl Super	–	85	–
Research-Oktanzahl Super Plus (für Deutschland)	–	98	–
Motor-Oktanzahl Super Plus (für Deutschland)	–	88	–
Dichte (bei 15 °C)	kg/m³	720	775
Ethanolgehalt für E5	Volumenprozent	–	5,0
Ethanolgehalt für E10	Volumenprozent	–	10,0
Methanolgehalt	Volumenprozent	–	3,0
Sauerstoffgehalt für E5	Massenprozent	–	2,7
Sauerstoffgehalt für E10	Massenprozent	–	3,7
Benzol	Volumenprozent	–	1,0
Schwefelgehalt	mg/kg	–	10,0
Blei	mg/l	–	5,0
Mangangehalt bis 2013	mg/l	–	6,0
Mangangehalt ab 2014	mg/l	–	2,0
Flüchtigkeit			
Dampfdruck im Sommer	kPa	45	60
Dampfdruck im Winter (für Deutschland)	kPa	60	90
Verdampfte Menge bei 70 °C im Sommer	Volumenprozent	20 (22 für E10)	48 (50 für E10)
Verdampfte Menge bei 70 °C im Winter	Volumenprozent	22 (24 für E10)	50 (52 für E10)
Verdampfte Menge bei 100 °C	Volumenprozent	46	71 (72 für E10)
Verdampfte Menge bei 150 °C	Volumenprozent	75	–
Siedeende	°C	–	210

Tabelle 2
Ausgewählte Anforderungen an Ottokraftstoffe gemäß DIN EN 228

Rückstand wird zu schwerem Heizöl und Bitumen verarbeitet.

Die aus der Destillation hervorgehenden Mengen an unterschiedlichen Produktfraktionen entsprechen weder den Markterfordernissen, noch wird die erforderliche Produktqualität erreicht. Größere Kohlenwasserstoffmoleküle können durch Cracken mit Wasserstoff (Hydrocracken) oder in Gegenwart von Katalysatoren weiter aufgespalten werden. Bei Umwandlungen im Reformer entstehen aus linearen Kohlenwasserstoffen verzweigte Moleküle, die bei Ottokraftstoffen zur Erhöhung der Oktanzahl beitragen. Bei der Raffination im Hydrofiner wird im Wesentlichen der Schwefel entfernt. Alkohole und viele Additive werden dem Kraftstoff erst am Ende der Raffinerieprozesse zugesetzt.

Alkohole und Ether
Herstellung aus Zucker und Stärke
Bioethanol kann aus allen zucker- und stärkehaltigen Produkten gewonnen werden und ist der weltweit am meisten produzierte Biokraftstoff. Zuckerhaltige Pflanzen (Zucker-

rohr, Zuckerrüben) werden mit Hefe fermentiert, der Zucker wird dabei zu Ethanol vergoren. Bei der Bioethanolgewinnung aus Stärke werden Getreide wie Mais, Weizen oder Roggen mit Enzymen vorbehandelt, um die langkettigen Stärkemoleküle teilzuspalten. Bei der anschließenden Verzuckerung erfolgt eine Spaltung in Dextrosemoleküle mit Hilfe von Glucoamylase. Durch Fermentation mit Hefe wird in einem weiteren Prozessschritt Bioethanol erzeugt.

Herstellung aus Lignocellulose
Die Verfahren, die Bioethanol aus Lignocellulose herstellen, stehen großtechnisch noch nicht zur Verfügung, haben aber den Vorteil, dass die ganze Pflanze verwendet werden kann und nicht nur der zucker- oder stärkehaltige Anteil. Lignocellulose, die das Strukturgerüst der pflanzlichen Zellwand bildet und als Hauptbestandteile Lignin, Hemicellulosen und Cellulose enthält, muss chemisch oder enzymatisch aufgespalten werden. Wegen des neuartigen Ansatzes spricht man auch von Bioethanol der 2. Generation.

Herstellung aus Synthesegas
Methanol wird in katalytischen Verfahren aus Synthesegas, einem Gemisch von Kohlenmonoxid und Wasserstoff, hergestellt. Das zur Produktion erforderliche Synthesegas wird im Wesentlichen nicht regenerativ, sondern aus fossilen Energieträgern wie Kohle und Erdgas erzeugt und leistet keinen Beitrag zur Reduzierung der CO_2-Emissionen. Wird Synthesegas hingegen aus Biomasse gewonnen, kann daraus „Biomethanol" hergestellt werden.

Herstellung der Ether
Methyltertiärbutylether (MTBE) und Ethyltertiärbutylether (ETBE) werden durch säurekatalysierte Addition von Methanol bzw. Ethanol an Isobuten hergestellt. Die Ether, die einen niedrigeren Dampfdruck, einen höheren Heizwert und eine höhere Oktanzahl als Ethanol haben, sind chemisch stabile Komponenten mit guter Materialverträglichkeit. Sie haben daher sowohl aus logistischer als auch motorischer Sicht Vorteile gegenüber der Verwendung von Alkoholen als Blendkomponente. Aus Gründen der Nachhaltigkeit wird überwiegend ETBE aus Bioethanol eingesetzt.

Normung
Die europäische Norm EN 228 (Tabelle 2) definiert die Anforderungen für bleifreies Benzin zur Verwendung in Ottomotoren. In den nationalen Anhängen sind weitere, länderspezifische Kennwerte festgelegt. Verbleite Ottokraftstoffe sind in Europa nicht zugelassen. In den USA sind Ottokraftstoffe in der Norm ASTM D 4814 (American Society for Testing and Materials) spezifiziert.

Bioethanol ist aufgrund seiner Eigenschaften sehr gut zur Beimischung in Ottokraftstoffen geeignet, insbesondere, um die Oktanzahl von reinem mineralölbasiertem Ottokraftstoff anzuheben.

Nachdem der Ethanolgehalt in der europäischen Ottokraftstoffnorm EN 228 lange auf 5 Volumenprozent (E5) begrenzt war, enthält die Ausgabe von 2013 an erster Stelle eine Spezifikation für 10 Volumenprozent Ethanol (E10). Im europäischen Markt sind derzeit noch nicht alle Fahrzeuge mit Materialien ausgerüstet, die einen Betrieb mit E10 erlauben. Als zweite Qualität wird deshalb eine Bestandschutzsorte mit einem maximalen Ethanolgehalt von 5 Volumenprozent beibehalten.

Nahezu alle Ottokraftstoffnormen erlauben die Zugabe von Ethanol als Blendkomponente. In den USA enthält der überwiegende Anteil der Ottokraftstoffe 10 Volumenprozent Ethanol (E10).

Bioethanol kann in Ottomotoren von Flexible-Fuel-Fahrzeugen (FFV, Flexible Fuel Vehicles) auch als Reinkraftstoff (z. B. in Brasilien) verwendet werden. Diese Fahrzeuge können sowohl mit Ottokraftstoff als auch mit jeder Mischung aus Ottokraftstoff und Ethanol betrieben werden. Um einen Kaltstart bei tiefen Temperaturen zu gewährleisten, wird die maximale Ethanolkonzentration (von 85 % im Sommer) im Winter entsprechend der Anforderungen auf 50–85 % reduziert. Die Qualität von E85 ist für Europa in der technischen Spezifikation CEN/TS 15293 und in den USA in der ASTM D 5798 definiert.

In Brasilien werden Ottokraftstoffe grundsätzlich nur als Ethanolkraftstoffe angeboten, überwiegend mit einem Ethanolanteil von 18…26 Volumenprozent, aber auch als reines Ethanol (E100, das etwa 7 % Wasser enthält). In China kommt neben E10 auch Methanol-Kraftstoff zum Einsatz. Für konventionelle Ottomotoren liegt die Obergrenze bei 15 % Methanol (M15). Aufgrund negativer Erfahrungen mit Methanolkraftstoffen während der Ölkrise 1973 und auch wegen der Toxizität ist man in Deutschland von der Verwendung von Methanol als Blendkomponente wieder abgekommen. Weltweit betrachtet werden derzeit nur vereinzelt Methanolbeimengungen durchgeführt, dann meist mit einem Anteil von maximal 3 % (M3).

Physikalisch-chemische Eigenschaften
Schwefelgehalt
Zur Minderung der SO_2-Emissionen und zum Schutz der Katalysatoren zur Abgasnachbehandlung wurde der Schwefelgehalt von Ottokraftstoffen ab 2009 europaweit auf 10 mg/kg begrenzt. Kraftstoffe, die diesen Grenzwert einhalten, werden als „schwefelfreie Kraftstoffe" bezeichnet. Damit ist die letzte Stufe der Entschwefelung von Kraftstoffen erreicht. Vor 2009 war in Europa nur noch schwefelarmer Kraftstoff (Schwefelgehalt unter 50 mg/kg) zugelassen, der Anfang 2005 eingeführt wurde. Deutschland hat bei

der Entschwefelung eine Vorreiterrolle übernommen und bereits 2003 durch steuerliche Maßnahmen schwefelfreie Kraftstoffe etabliert. In den USA liegt seit 2006 der Grenzwert für den Schwefelgehalt von kommerziell für den Endverbraucher erhältlichen Ottokraftstoffen bei max. 80 mg/kg, wobei zusätzlich ein Durchschnittswert von 30 mg/kg für die Gesamtmenge des verkauften und importierten Kraftstoffs nicht überschritten werden darf. Einzelne Bundesstaaten, z. B. Kalifornien, haben niedrigere Grenzwerte festgelegt.

Heizwert
Für den Energieinhalt von Kraftstoffen wird üblicherweise der spezifische Heizwert H_u (früher als unterer Heizwert bezeichnet) angegeben; er entspricht der bei vollständiger Verbrennung freigesetzten nutzbaren Wärmemenge. Der spezifische Brennwert H_o (früher als oberer Heizwertbezeichnet) hingegen gibt die gesamte freigesetzte Reaktionswärme an und umfasst damit neben der nutzbaren Wärme auch die im entstehenden Wasserdampf gebundene Wärme (latente Wärme). Dieser Anteil wird jedoch im Fahrzeug nicht genutzt. Der spezifische Heizwert H_u von Ottokraftstoff beträgt 40,1…41,8 MJ/kg. Sauerstoffhaltige Kraftstoffe oder Kraftstoffkomponenten (Oxygenates) wie Alkohole und Ether haben einen geringeren Heizwert als reine Kohlenwasserstoffe, weil der in ihnen gebundene Sauerstoff nicht an der Verbrennung teilnimmt. Eine mit üblichen Kraftstoffen vergleichbare Motorleistung führt daher zu einem höheren Kraftstoffverbrauch.

Gemischheizwert
Der Heizwert des brennbaren Luft-Kraftstoff-Gemischs bestimmt die Leistung des Motors. Der Gemischheizwert liegt bei stöchiometrischem Luft-Kraftstoff-Verhältnis für alle flüssigen Kraftstoffe und Flüssiggase bei ca. 3,5…3,7 MJ/m^3.

Dichte
Die Dichte von Ottokraftstoffen ist in der Norm EN 228 auf 720...775 kg/m^3 begrenzt.

Klopffestigkeit
Die Oktanzahl kennzeichnet die Klopffestigkeit eines Ottokraftstoffs. Je höher die Oktanzahl ist, desto klopffester ist der Kraftstoff. Dem sehr klopffesten Iso-Oktan (Trimethylpentan) wird die Oktanzahl 100, dem sehr klopffreudigen n-Heptan die Oktanzahl 0 zugeordnet. Die Oktanzahl eines Kraftstoffs wird in einem genormten Prüfmotor bestimmt: Der Zahlenwert entspricht dem Anteil (in Volumenprozent) an Iso-Oktan in einem Gemisch aus Iso-Oktan und n-Heptan mit dem gleichen Klopfverhalten wie der zu prüfende Kraftstoff.

Die Research-Oktanzahl (ROZ) nennt man die nach der Research-Methode [3] bestimmte Oktanzahl. Sie kann als maßgeblich für das Beschleunigungsklopfen angesehen werden. Die Motor-Oktanzahl (MOZ) nennt man die nach der Motor-Methode [2] bestimmte Oktanzahl. Sie beschreibt vorwiegend die Eigenschaften hinsichtlich des Hochgeschwindigkeitsklopfens. Die Motor-Methode unterscheidet sich von der Research-Methode durch Gemischvorwärmung, höhere Drehzahl und variable Zündzeitpunkteinstellung, wodurch sich eine höhere thermische Beanspruchung des zu untersuchenden Kraftstoffs ergibt. Die MOZ-Werte sind niedriger als die ROZ-Werte.

Erhöhen der Klopffestigkeit
Normales Destillat-Benzin hat eine niedrige Klopffestigkeit. Erst durch Vermischen mit verschiedenen klopffesten Raffineriekomponenten (katalytische Reformate, Isomerisate) ergeben sich für moderne Motoren geeignete Kraftstoffe mit hoher Oktanzahl. Durch Zusatz von sauerstoffhaltigen Komponenten wie Alkoholen und Ethern kann die Klopf-

festigkeit erhöht werden. Metallhaltige Additve zur Erhöhung der Oktanzahl, z. B. MMT (Methylcyclopentadienyl Mangan Tricarbonyl) bilden Asche während der Verbrennung. Die Zugabe von MMT wird deshalb in der EN 228 durch einen Grenzwert für Mangan im Spurenbereich ausgeschlossen.

Flüchtigkeit
Die Flüchtigkeit von Ottokraftstoff ist nach oben und nach unten begrenzt. Auf der einen Seite sollen genügend leichtflüchtige Komponenten enthalten sein, um einen sicheren Kaltstart zu gewährleisten. Auf der anderen Seite darf die Flüchtigkeit nicht so hoch sein, dass es bei höheren Temperaturen zur Unterbrechung der Kraftstoffzufuhr durch Gasblasenbildung (Vapour-Lock) und in der Folge zu Problemen beim Fahren oder beim Heißstart kommt. Darüber hinaus sollen die Verdampfungsverluste zum Schutz der Umwelt gering gehalten werden.

Die Flüchtigkeit des Kraftstoffs wird durch verschiedene Kenngrößen beschrieben. In der Norm EN 228 sind für E5 und E10 jeweils zehn verschiedene Flüchtigkeitsklassen spezifiziert, die sich in Siedeverlauf, Dampfdruck und dem Vapour-Lock-Index (VLI) unterscheiden. Die einzelnen Nationen können, je nach den spezifischen klimatischen Gegebenheiten, einzelne dieser Klassen in ihren nationalen Anhang übernehmen. Für Sommer und Winter werden unterschiedliche Werte in der Norm festgelegt.

Siedeverlauf
Für die Beurteilung des Kraftstoffs im Fahrzeugbetrieb sind die einzelnen Bereiche der Siedekurve getrennt zu betrachten. In der Norm EN 228 sind deshalb Grenzwerte für den verdampften Anteil bei 70 °C, bei 100 °C und bei 150 °C festgelegt. Der bis 70 °C verdampfte Kraftstoff muss einen Mindestanteil erreichen, um ein leichtes Starten des kalten

Motors zu gewährleisten (das war vor allem früher wichtig für Vergaserfahrzeuge). Der verdampfte Anteil darf aber auch nicht zu groß sein, weil es sonst im heißen Zustand zu Dampfblasenbildung kommen kann. Der bei 100 °C verdampfte Kraftstoffanteil bestimmt neben dem Anwärmverhalten v. a. Betriebsbereitschaft und Beschleunigungsverhalten des warmen Motors. Das bis 150 °C verdampfte Volumen soll nicht zu niedrig liegen, um eine Motorölverdünnung zu vermeiden. Besonders bei kaltem Motor verdampfen die schwerflüchtigen Komponenten des Ottokraftstoffs schlecht und können aus dem Brennraum über die Zylinderwände ins Motoröl gelangen.

Dampfdruck

Der bei 37,8 °C (100 °F) nach EN 13016-1 gemessene Dampfdruck von Kraftstoffen ist in erster Linie eine Kenngröße, mit der die sicherheitstechnischen Anforderungen im Fahrzeugtank definiert werden. Der Dampfdruck wird in allen Spezifikationen nach unten und oben limitiert. Er beträgt z. B. für Deutschland im Sommer maximal 60 kPa und im Winter maximal 90 kPa. Für die Auslegung einer Einspritzanlage ist die Kenntnis des Dampfdrucks auch bei höheren Temperaturen (80...100 °C) wichtig, da sich ein Anstieg des Dampfdrucks durch Alkoholzumischung insbesondere bei höheren Temperaturen zeigt. Steigt der Dampfdruck des Kraftstoffs z. B. während des Fahrzeugbetriebs durch Einfluss der Motortemperatur über den Systemdruck der Einspritzanlage, kann es zu Funktionsstörungen durch Dampfblasenbildung kommen.

Dampf-Flüssigkeits-Verhältnis

Das Dampf-Flüssigkeits-Verhältnis (DFV) ist ein Maß für die Neigung eines Kraftstoffs zur Dampfbildung. Als Dampf-Flüssigkeits-Verhältnis wird das aus einer Kraftstoffeinheit entstandene Dampfvolumen bei definiertem Gegendruck und definierter Temperatur bezeichnet. Sinkt der Gegendruck (z. B. bei Bergfahrten) oder erhöht sich die Temperatur, so steigt das Dampf-Flüssigkeits-Verhältnis, wodurch Fahrstörungen verursacht werden können. In der Norm ASTM D 4814 wird z. B. für jede Flüchtigkeitsklasse eine Temperatur definiert, bei der ein Dampf-Flüssigkeits-Verhältnis von 20 nicht überschritten werden darf.

Vapor-Lock-Index

Der Vapour-Lock-Index (VLI) ist die rechnerisch ermittelte Summe des zehnfachen Dampfdrucks (in kPa bei 37,8 °C) und der siebenfachen Menge des bis 70 °C verdampften Volumenanteils des Kraftstoffs. Mit diesem zusätzlichen Grenzwert kann die Flüchtigkeit des Kraftstoffes weiter eingeschränkt werden, mit der Folge, dass bei dessen Herstellung nicht beide Maximalwerte von Dampfdruck und Siedekennwerten gleichzeitig realisiert werden können.

Besonderheiten bei Alkoholkraftstoffen

Der Zusatz von Alkoholen ist mit einer Erhöhung der Flüchtigkeit insbesondere bei höheren Temperaturen verbunden. Außerdem kann Alkohol Materialien im Kraftstoffsystem schädigen, z. B. zu Elastomerquellung führen und Alkoholatkorrosion an Aluminumteilen auslösen. In Abhängigkeit vom Alkoholgehalt und von der Temperatur kann es selbst bei Zutritt von nur geringen Mengen an Wasser zur Entmischung kommen. Bei der Phasentrennung geht Alkohol aus dem Kraftstoff in eine zweite wässrige Alkoholphase über. Das Problem der Entmischung besteht bei den Ethern nicht.

Additive

Additive können zur Verbesserung der Kraftstoffqualität zugesetzt werden, um Verschlechterungen im Fahrverhalten und in der Abgaszusammensetzung während des Fahrzeugbetriebs entgegenzuwirken. Eingesetzt werden meist Pakete aus Einzelkomponenten mit verschiedenen Wirkungen. Sie müssen in ihrer Zusammensetzung und Konzentration sorgfältig abgestimmt und erprobt sein und dürfen keine negativen Nebenwirkungen haben.

In der Raffinerie erfolgt eine Basisadditivierung zum Schutz der Anlagen und zur Sicherstellung einer Mindestqualität der Kraftstoffe. An den Abfüllstationen der Raffinerie können beim Befüllen der Tankwagen markenspezifische Multifunktionsadditive zur weiteren Qualitätsverbesserung zugegeben werden (Endpunktdosierung). Eine nachträgliche Zugabe von Additiven in den Fahrzeugtank birgt bei Unverträglichkeit das Risiko von technischen Störungen.

Detergentien
Die Reinhaltung des gesamten Einlasssystems (Einspritzventile, Einlassventile) ist eine wichtige Voraussetzung für den Erhalt der im Neuzustand optimierten Gemischeinstellung und -aufbereitung und somit grundlegend für einen störungsfreien Fahrbetrieb und die Schadstoffminimierung im Abgas. Aus diesem Grund sollten dem Kraftstoff wirksame Reinigungsadditive (Detergentien) zugesetzt sein.

Korrosionsinhibitoren
Der Eintrag von Wasser kann zu Korrosion im Kraftstoffsystem führen. Durch den Zusatz von Korrosionsinhibitoren, die sich als dünner Film auf der Metalloberfläche anlagern, kann Korrosion wirksam unterbunden werden.

Oxidationsstabilisatoren
Die den Kraftstoffen zugesetzten Alterungsschutzmittel (Antioxidantien) erhöhen die Lagerstabilität. Sie verhindern eine rasche Oxidation durch Luftsauerstoff.

Metalldesaktivatoren
Einzelne Additive haben auch die Eigenschaft, durch Bildung stabiler Komplexe die katalytische Wirkung von Metallionen zu deaktivieren.

Gasförmige Kraftstoffe
Erdgas
Der Hauptbestandteil von Erdgas ist Methan (CH_4) mit einem Mindestanteil von 80 %. Weitere Bestandteile sind Inertgase wie Kohlendioxid oder Stickstoff und kurzkettige Kohlenwasserstoffe. Auch Sauerstoff und Wasserstoff sind enthalten. Erdgas ist weltweit verfügbar und erfordert nach der Förderung nur einen relativ geringen Aufwand zur Aufbereitung. Je nach Herkunft variiert jedoch die Zusammensetzung des Erdgases, wodurch sich Schwankungen bei Dichte, Heizwert und Klopffestigkeit ergeben. Die Eigenschaften von Erdgas als Kraftstoff sind für Deutschland in der Norm DIN 51624 festgelegt. Ein europäischer Standard für Erdgas, der auch die Qualitätsanforderungen an Biomethan berücksichtigt, ist in Bearbeitung.

Biomethan lässt sich aus Biomasse, z. B. aus Jauche, Grünschnitt oder Abfällen gewinnen und weist bei der Verbrennung im Vergleich zu fossilem Erdgas deutlich reduzierte CO_2-Gesamtemissionen auf. Für die Erzeugung von Methan durch Elektrolyse von Wasser mit Strom aus erneuerbaren Energien und Umsetzung des erzeugten Wasserstoffs H_2 mit Kohlendioxid CO_2 gibt es erste Pilotanlagen.

Erdgas wird entweder gasförmig komprimiert (CNG, Compressed Natural Gas) bei einem Druck von 200 bar gespeichert oder es befindet sich als verflüssigtes Gas (LNG, Liquid Natural Gas) bei −162 °C in einem kältefesten Tank. Verflüssigtes Gas benötigt nur ein Drittel des Speichervolumens von komprimiertem Erdgas, die Speicherung erfordert jedoch einen hohen Energieaufwand zur Verflüssigung. Deshalb wird Erdgas an den Erdgas-Tankstellen in Deutschland fast ausschließlich in komprimierter Form angeboten. Erdgasfahrzeuge zeichnen sich durch niedrige CO_2-Emissionen aus, bedingt durch den geringeren Kohlenstoffanteil des Erdgases im Vergleich zum flüssigen Ottokraftstoff. Das Wasserstoff-Kohlenstoff-Verhältnis von Erdgas beträgt ca. 4 : 1, das von Benzin hingegen 2,3 : 1. Bedingt durch den geringeren Kohlenstoffanteil des Erdgases entsteht bei seiner Verbrennung weniger CO_2 und mehr H_2O als bei Benzin. Ein auf Erdgas eingestellter Ottomotor erzeugt schon ohne weitere Optimierung ca. 25 % weniger CO_2-Emissionen als ein Benzinmotor (bei vergleichbarer Leistung). Durch die sehr hohe Klopffestigkeit des Erdgases von bis zu 130 ROZ (im Vergleich dazu liegt Benzin bei 91...100 ROZ) eignet sich der Erdgasmotor ideal zur Turboaufladung und lässt eine Erhöhung des Verdichtungsverhältnisses zu.

Flüssiggas
Flüssiggas (LPG, Liquid Petroleum Gas, auch als Autogas bezeichnet) fällt bei der Gewinnung von Rohöl an und entsteht bei verschiedenen Raffinerieprozessen. Es ist ein Gemisch aus den Hauptkomponenten Propan und Butan. Es lässt sich bei Raumtemperatur unter vergleichsweise niedrigem Druck verflüssigen. Durch den geringeren Kohlenstoffanteil gegenüber Benzin entstehen bei der Verbrennung ca. 10 % weniger CO_2. Die Oktanzahl beträgt ca. 100...110 ROZ. Die Anforderungen an Flüssiggas für den Einsatz in Kraftfahrzeugen sind in der europäischen Norm EN 589 festgelegt.

Wasserstoff
Wasserstoff kann durch chemische Verfahren aus Erdgas, Kohle, Erdöl oder aus Biomasse sowie durch Elektrolyse von Wasser erzeugt werden. Heute wird Wasserstoff überwiegend großindustriell durch Dampfreformierung aus Erdgas gewonnen. Bei die-

sem Verfahren wird CO_2 freigesetzt, sodass sich insgesamt nicht zwangsläufig ein CO_2-Vorteil gegenüber Benzin, Diesel oder der direkten Verwendung von Erdgas im Verbrennungsmotor ergibt. Eine Verringerung der CO_2-Emissionen ergibt sich dann, wenn der Wasserstoff regenerativ aus Biomasse oder durch Elektrolyse aus Wasser hergestellt wird, sofern dafür regenerativ erzeugter Strom eingesetzt wird. Lokal treten bei der Verbrennung von Wasserstoff im Motor keine CO_2-Emissionen auf.

Speicherung
Wasserstoff hat zwar eine sehr hohe gewichtsbezogene Energiedichte (ca. 120 MJ/kg, sie ist damit fast dreimal so hoch wie die von Benzin), die volumenbezogene Energiedichte ist jedoch wegen der geringen spezifischen Dichte sehr gering. Für die Speicherung bedeutet dies, dass der Wasserstoff entweder unter Druck (bei 350...700 bar) oder durch Verflüssigung (Kryogenspeicherung bei −253 °C) komprimiert werden muss, um ein akzeptables Tankvolumen zu erzielen. Eine weitere Möglichkeit ist die Speicherung als Hydrid.

Einsatz im Kfz
Wasserstoff kann sowohl in Brennstoffzellenantrieben als auch direkt in Verbrennungsmotoren eingesetzt werden. Langfristig wird der Schwerpunkt bei der Nutzung in Brennstoffzellen erwartet. Hier wird ein besserer Wirkungsgrad als beim H_2-Verbrennungsmotor erreicht.

Literatur

[1] DIN EN 228: Januar 2013, Unverbleite Ottokraftstoffe – Anforderungen und Prüfverfahren

[2] EN ISO 5163:2005, Bestimmung der Klopffestigkeit von Otto und Flugkraftstoffen – Motor-Verfahren

[3] EN ISO 5164:2005, Bestimmung der Klopffestigkeit von Ottokraftstoffen – Research-Verfahren

Füllungssteuerung

Bei einem mit definiertem Luft-Kraftstoff-Verhältnis λ homogen betriebenen Otto-motor werden Drehmoment und Leistung von der zugeführten Luftmasse bestimmt. Damit λ genau eingehalten werden kann, wird die zugeführte Luftmasse exakt ge-messen, die zu λ passende Einspritzmenge Kraftstoff berechnet und zugemessen.

Elektronische Motorleistungssteuerung

Für die Verbrennung des Kraftstoffs ist Sau-erstoff erforderlich, den der Motor aus der angesaugten Luft bezieht. Bei Motoren mit äußerer Gemischbildung (Saugrohreinsprit-zung) und auch bei Motoren mit Benzin-Direkteinspritzung im Homogenbetrieb ist das abgegebene Motordrehmoment direkt abhängig von der angesaugten Luftmasse. Zur Einstellung einer definierten Luftfüllung muss die Luftzufuhr zum Motor gedrosselt werden.

Aufgabe und Arbeitsweise

Das vom Fahrer geforderte Drehmoment ergibt sich aus der Stellung des Fahrpedals. Bei Einsatz einer elektronischen Motorleis-tungssteuerung und einem elektronischen Gaspedal (EGAS-System) erfasst ein Posi-tionssensor im Fahrpedalmodul (**Bild 1**, Pos. 1) diese Größe. Weitere Drehmoment-anforderungen ergeben sich aus funktiona-len Anforderungen wie z. B. ein zusätzliches Drehmoment bei eingeschalteter Klimaanla-ge oder eine Drehmomentreduzierung beim Schaltvorgang.

Das Motorsteuergerät (2) – z. B. ME-Mot-ronic für Systeme mit Saugrohreinspritzung oder DI-Motronic für Benzin-Direktein-spritzung – berechnet aus dem einzustellen-den Drehmoment die notwendige Luftmasse und erzeugt die Ansteuersignale für die elek-trisch betätigte Drosselklappe (5). Dadurch wird der Öffnungsquerschnitt und damit der vom Ottomotor angesaugte Luftmassen-strom eingestellt. Der Drosselklappenwin-kelsensor (3) liefert eine Rückmeldung der aktuellen Stellung der Drosselklappe und ermöglicht somit das exakte Einhalten der gewünschten Drosselklappenposition.

Mit dem EGAS-System kann auf einfache Weise auch eine Fahrgeschwindigkeitsrege-lung (FGR) integriert werden. Das Steuerge-rät stellt das Drehmoment so ein, dass die über das Bedienelement der Fahrgeschwin-digkeitsregelung vorgewählte Geschwindig-keit eingehalten wird. Ein Betätigen des Fahrpedals ist dabei nicht erforderlich.

Elektrische Drosselvorrichtung des EGAS-Systems

Die elektrische Drosselvorrichtung (**Bild 2**) dient zur Steuerung der Luftzufuhr zum Verbrennungsmotor. Sie besteht aus dem Pneumatikgehäuse (1) und der Drosselklap-pe (3), dem Antrieb mit einem Gleichstrom-motor (5), aus den Sensoren zur Messung der Klappenstellung und dem Stecker (4) zum Anschluss an das Steuergerät. Darüber hinaus gibt es Drosselvorrichtungen mit An-schlüssen an den Kühlwasserkreislauf des Motors zur Vermeidung einer Klappenverei-sung oder mit einem Unterdruckanschluss für den Bremskraftverstärker.

Der Drosselklappensteller ist typischer-weise modular aufgebaut, wodurch eine ein-fache Anpassung an unterschiedliche Klap-pendurchmesser, Flanschgeometrien oder Steckergeometrien möglich ist. Die Drossel-klappe ist über die Drosselklappenwelle im Gehäuse drehbar gelagert. Durch die mittige Anordnung der Welle werden Momente durch den Druckabfall über der Klappe ver-mieden. Je nach Motorhubraum kommen Klappendurchmesser von 32 mm bis 82 mm zum Einsatz. Der Druckabfall über der Klap-

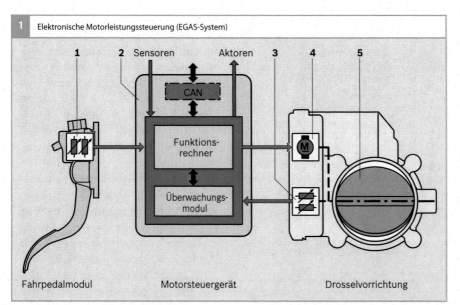

1 Elektronische Motorleistungssteuerung (EGAS-System)

1 2 Sensoren Aktoren 3 4 5

CAN

Funktions-
rechner

Überwachungs-
modul

Fahrpedalmodul Motorsteuergerät Drosselvorrichtung

Bild 1
1 Fahrpedalsensor
2 Motorsteuergerät
3 Drosselklappenwin-
  kelsensor
4 Drosselklappenan-
  trieb
5 Drosselklappe

pe kann bei Turbomotoren bis zu 4 bar be-
tragen.

Der Antrieb der Drosselklappenwelle erfolgt über einen Gleichstrommotor und ein
zweistufiges Getriebe mit einer typischen
Übersetzung von ca. 1:20. Der Motor wird
vom Steuergerät mit einer pulsweitenmodu-
lierten Rechteckspannung von ca. 2 kHz
angesteuert. Die typische Öffnungs- und
Schließzeit der Klappe liegt unter 100 ms.
Ein in das Gehäuse integriertes Federsystem
bringt die Klappe bei fehlender Ansteuerung
in eine Stellung, die einen Betrieb des Fahrzeugs mit erhöhter Leerlaufdrehzahl (im
Notbetrieb) ermöglicht. Sensoren erfassen
die Stellung der Drosselklappe und geben
eine zur Drosselklappenstellung (zum Winkel) proportionale Gleichspannung aus. Be-
rührende Sensoren (Potentiometer) werden
zunehmend durch berührungslose Sensoren
(Induktiv- oder Hallsensoren) ersetzt. Die
Sensoren sind redundant ausgelegt. Das
Steuergerät erkennt mögliche Fehler in der
Signalerfassung, indem es die beiden (red-
undanten) Sensorsignale ständig vergleicht

oder Spannungen außerhalb des normalen
Bereiches feststellt. Neuerdings gibt es auch
Sensoren, die über eine digitale Schnittstelle
mit dem Steuergerät kommunizieren. Der
Steckverbinder der Drosselvorrichtung ist
6-polig ausgelegt mit zwei Anschlüssen für
den Motor und vier Anschlüssen für Sensor-
versorgung, Sensormasse und die beiden
Sensorsignale.

Bild 2
1 Pneumatikgehäuse
2 Getriebegehäuse
3 Drosselklappe
4 Stecker
5 Gleichstrommotor

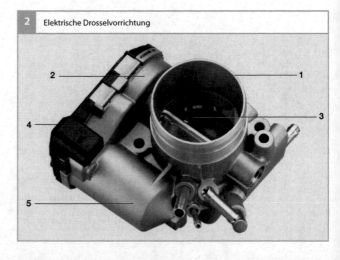

2 Elektrische Drosselvorrichtung

2 1

3

4

5

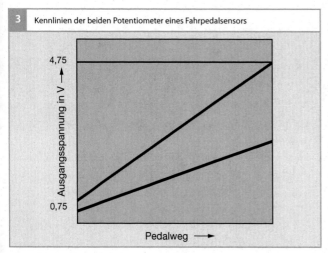

3 Kennlinien der beiden Potentiometer eines Fahrpedalsensors

Bild 3
Der Pedalweg beträgt etwa 25 mm.

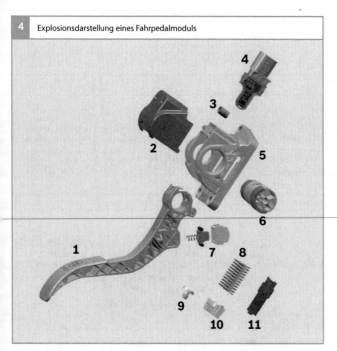

4 Explosionsdarstellung eines Fahrpedalmoduls

Bild 4

1 Pedal	5 Lagerblock	7 Kickdown (optional)
2 Deckel	6 Welle mit zwei Magne-	8 zwei Federn
3 Abstandshülse	ten und Hysterese-	9 Anschlagsdämpfer
4 Sensorblock mit Ge-	elementen (runde Ma-	10 Druckstück
häuse und Stecker	gnete nicht sichtbar)	11 Bodendeckel

Fahrpedalmodul

Das Motorsteuergerät erhält den Messwert der Pedalstellung als elektrische Spannung. Mithilfe einer gespeicherten Sensorkennlinie rechnet das Steuergerät diese Spannung in den relativen Pedalweg, d. h. die Winkelstellung des Fahrpedals, um (**Bild 3**).

Für Diagnosezwecke und für den Fall einer Störung ist ein redundanter (doppelter) Sensor integriert. Er ist Bestandteil des Überwachungssystems. Eine typische Ausführung arbeitet mit einem zweiten Sensor, der in allen Betriebspunkten immer die halbe Spannung des ersten Sensors liefert. Für die Fehlererkennung stehen damit zwei unabhängige Signale zur Verfügung (**Bild 3**).

Der Fahrpedalsensor ist im Fahrpedalmodul (**Bild 4**) integriert. Dieses besteht aus dem eigentlichen Pedal (1), einem Federsystem (8) welches das Pedal in die Ruhestellung zurückführt und den Gehäuseelementen Deckel (2), Lagerblock (5) sowie Bodendeckel (11). Die Bewegung des Pedals wird in eine Drehbewegung der Welle (6) und der darauf aufgebrachten Magneten übertragen, welche durch den im Sensorblock (4) verbauten Hall-Winkelsensor in ein elektrisches Signal umgesetzt wird (siehe z. B. [2]). Optional kann bei Fahrzeugen mit automatischem Getriebe ein Schalter (7) im Bereich des Anschlags ein elektrisches Kickdown-Signal erzeugen.

Überwachungskonzept der elektronischen Motorleistungssteuerung

Die elektronische Motorleistungssteuerung (EGAS-System) gehört zu den sicherheitsrelevanten Systemen. Das Motormanagement beinhaltet deshalb eine Diagnose der Einzelkomponenten. Eingangsinformationen, die den leistungsbestimmenden Fahrerwunsch (Stellung des Fahrpedals) oder den Motorzustand (Stellung der Drosselklappe) darstellen, werden dem Steuergerät durch eine redundante Sensorik zugeführt. Die beiden Sensoren im Fahrpedalmodul sowie die beiden Sensoren in der Drosselvorrichtung liefern jeweils voneinander unabhängige Signale, sodass bei Ausfall des einen Signals das andere einen gültigen Wert liefert. Unterschiedliche Kennlinien stellen sicher, dass ein Kurzschluss zwischen den beiden Signalen erkannt wird.

Dynamische Aufladung

Das erreichbare Motordrehmoment ist näherungsweise proportional zum Frischgasanteil der Zylinderfüllung. Das maximale Drehmoment kann daher in gewissen Grenzen gesteigert werden, indem die Luft vor Eintritt in den Zylinder verdichtet wird. Die Ladungswechselvorgänge werden nicht nur durch die Steuerzeiten der Gaswechselventile, sondern auch durch die Saug- und Abgasleitung beeinflusst. Die Saugrohranlage besteht aus einer Kombination von Schwingrohren und Volumina.

In Bild 5 ist der prinzipielle Aufbau einer Ansauganlage eines Verbrennungsmotors dargestellt. Zwischen den Zylindern (1) und den Schwingrohren (2) befinden sich die periodisch öffnenden Einlassventile des Motors. Angeregt durch die Saugarbeit des Kolbens löst das öffnende Einlassventil eine zurücklaufende Unterdruckwelle aus. Am offenen Ende des Saugrohrs trifft die Druckwelle auf ruhende Umgebungsluft (Sammler (3) oder Luftfilter) oder auf die Drosselklappe (4), und wird dort teilweise als Überdruckwelle reflektiert und läuft wieder zurück in Richtung Einlassventil. Die dadurch entstehenden Druckschwankungen am Einlassventil sind phasen- und frequenzabhängig und können ausgenutzt werden, um die Frischgasfüllung zu vergrößern und damit ein höchstmögliches Drehmoment zu erreichen.

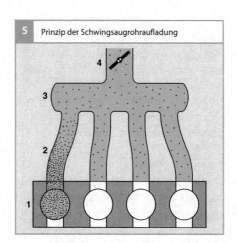

5 Prinzip der Schwingsaugrohraufladung

Bild 5
1 Zylinder
2 Einzelschwingrohr
3 Sammelbehälter
4 Drosselklappe

Dieser Aufladeeffekt beruht also auf der Ausnutzung der Dynamik der angesaugten Luft. Die dynamischen Effekte im Saugrohr hängen von den geometrischen Verhältnissen im Saugrohr, aber auch von der Motordrehzahl ab. Es kann daher durch eine geeignete Abstimmung eine Erhöhung der Zylinderfüllung in bestimmten Drehzahlbereichen erzielt werden.

Schwingsaugrohraufladung

Saugrohre für Einzeleinspritzanlagen bestehen aus den Einzelschwingrohren und Sammelbehälter (Sammler). Bei der Schwingsaugrohraufladung (Bild 5) hat jeder Zylinder ein gesondertes Einzelschwingrohr (2) bestimmter Länge, das meist an einen Sammelbehälter (3) angeschlossen ist. In diesen Schwingrohren können sich die Druckwellen, welche durch die periodisch öffnenden Einlassventile erzeugt werden, unabhängig voneinander ausbreiten.

Der Aufladeeffekt ist abhängig von der Saugrohrgeometrie und der Motordrehzahl. Länge und Durchmesser der Einzelschwingrohre werden deshalb so auf die Ventilsteuerzeiten abgestimmt, dass im gewünschten Drehzahlbereich eine am Ende des Schwingrohrs (an der Drosselklappe oder am Luftfilter) teilweise reflektierte Druckwelle durch das geöffnete Einlassventil des Zylinders (1) läuft und somit eine bessere Füllung ermöglicht. Lange, dünne Schwingrohre bewirken einen hohen Aufladeeffekt im niedrigen Drehzahlbereich. Kurze, weite Schwingrohre wirken sich günstig auf den Drehmomentverlauf im oberen Drehzahlbereich aus.

Resonanzaufladung

Bei einer bestimmten Motordrehzahl kommen die Gasschwingungen in der Saugrohranlage, angeregt durch die periodische Kolbenbewegung, in Resonanz. Das führt zu einer Drucksteigerung und zu einem zusätzlichen Aufladeeffekt.

Bei Resonanzsaugrohrsystemen (**Bild 6**) werden Gruppen von Zylindern (1) mit gleichen Zündabständen über kurze Saugrohre (2) an jeweils einen Resonanzbehälter (3) angeschlossen. Diese sind über Resonanzsaugrohre (4) mit der Atmosphäre oder einem Sammelbehälter (5) verbunden und wirken als Resonatoren. Die Auftrennung in zwei Zylindergruppen mit zwei Resonanzsaugrohren verhindert eine Überschneidung der Strömungsvorgänge von zwei in der Zündfolge benachbarten Zylindern. Der Drehzahlbereich, bei dem der Aufladeeffekt durch die entstehende Resonanz groß sein

soll, bestimmt die Länge der Resonanzsaugrohre und die Größe der Resonanzbehälter. Die teilweise benötigten großen Volumina der Saugrohranlage können aber durch ihre Speicherwirkung bei schnellen Laständerungen Dynamikfehler zur Folge haben.

Variable Saugrohrgeometrie

Die zusätzliche Füllung durch die dynamische Aufladung hängt vom Betriebspunkt des Motors ab. Die beiden zuvor genannten Systeme erhöhen die erzielbare maximale Füllung (den Liefergrad) im gewünschten Drehzahlband (**Bild 7**). Einen nahezu idealen Drehmomentverlauf ermöglicht eine variable Saugrohrgeometrie (z. B. Schalt-Ansaugsysteme), bei der zum Beispiel über Klappen in Abhängigkeit vom Motorbetriebspunkt verschiedene Verstellungen möglich sind:

- Verstellen der Schwingsaugrohrlänge,
- Umschalten zwischen verschiedenen Schwingsaugrohrlängen oder unterschiedlichen Durchmessern von Schwingsaugrohren,
- wahlweises Abschalten eines Einzelrohrs je Zylinder bei Mehrfachschwingsaugrohren,
- Umschalten auf unterschiedliche Sammlervolumen.

Bild 6
1 Zylinder
2 kurzes Saugrohr
3 Resonanzbehälter
4 Resonanzsaugrohr
5 Sammelbehälter
6 Drosselklappe

A und B bezeichnen Zylindergruppen mit gleichen Zündabständen.

Bild 7
1 Standard
2 optimiertes Schalt-system
3 optimiertes Schalt-system mit variablem Ventiltrieb

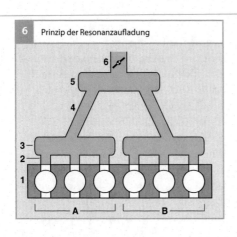

6 Prinzip der Resonanzaufladung

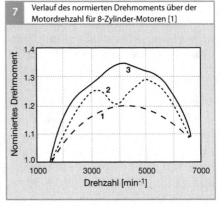

7 Verlauf des normierten Drehmoments über der Motordrehzahl für 8-Zylinder-Motoren [1]

Zum Umschalten der Schalt-Ansaugsysteme dienen zum Beispiel elektrisch oder elektropneumatisch betätigte Klappen.

Schwingsaugrohrsysteme

Bei dem in **Bild 8** dargestellten Saugrohrsystem kann zwischen zwei verschiedenen Schwingsaugrohren umgeschaltet werden. Im unteren Drehzahlbereich ist die Umschaltklappe (1) geschlossen und die angesaugte Luft strömt durch das lange Schwingsaugrohr (3) zu den Zylindern. Bei hohen Drehzahlen und geöffneter Umschaltklappe nimmt die angesaugte Luft den Weg durch das kurze, weite Saugrohr (4). Damit ist eine bessere Zylinderfüllung bei hohen Drehzahlen möglich.

Resonanzsaugrohrsysteme

Mit Öffnen einer Resonanzklappe wird ein zweites Resonanzrohr zugeschaltet (**Bild 9**). Die veränderte Geometrie dieser Anordnung beeinflusst die Eigenfrequenz der Sauganlage. Das größere wirksame Volumen bei zugeschaltetem zusätzlichen Resonanzrohr verbessert die Füllung im unteren Drehzahlbereich.

Kombiniertes Resonanz- und Schwingsaugrohrsystem

Eine Kombination von Resonanz- und Schwingsaugrohrsystem ist gegeben, wenn die geöffnete Umschaltklappe (**Bild 9**, Pos. 7) die beiden Resonanzbehälter (3) zu einem einzigen Volumen verbinden kann. Es entsteht dann ein Luftsammler für die kurzen Schwingsaugrohre (2) mit hoher Eigenfrequenz. Bei niedrigen und mittleren Drehzahlen ist die Umschaltklappe geschlossen. Das System wirkt als Resonanzsaugrohrsystem (wie in **Bild 6**). Die niedrige Eigenfrequenz ist dann durch das lange Resonanzsaugrohr (4) festgelegt.

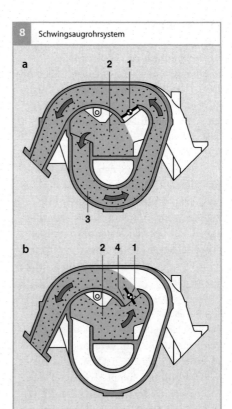

8 Schwingsaugrohrsystem

a

b

Bild 8
a Saugrohrgeometrie bei geschlossener Umschaltklappe
b Saugrohrgeometrie bei geöffneter Umschaltklappe
1 Umschaltklappe
2 Sammelbehälter
3 langes, dünnes Schwingsaugrohr bei geschlossener Umschaltklappe
4 kurzes, weites Schwingsaugrohr bei geöffneter Umschaltklappe

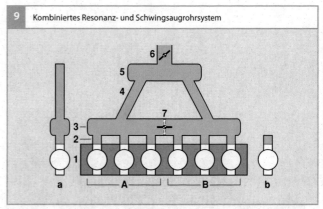

9 Kombiniertes Resonanz- und Schwingsaugrohrsystem

Bild 9
1 Zylinder	6 Drosselklappe	a äquivalente Saugrohrverhältnisse bei geschlossener Umschaltklappe
2 Schwingsaugrohr (kurzes Saugrohr)	7 Umschaltklappe	
3 Resonanzbehälter	A, B Zylindergruppen mit gleichen Zündabständen	b äquivalente Saugrohrverhältnisse bei geöffneter Umschaltklappe
4 Resonanzsaugrohr		
5 Sammelbehälter		

Aufladung

Da Drehmoment und Leistung eines Verbrennungsmotors bei steigendem Saugrohrdruck (bis zu einer gewissen Grenze) stetig ansteigen, ist es sinnvoll, Saugrohrdrücke mit einem Ladedruck oberhalb des atmosphärischen Luftdruckes bereitzustellen. Dies eröffnet die Basis, ohne Leistungseinbuße gegenüber einem Saugmotor mit kleinerem Hubraum auszukommen. Zur Realisierung entsprechender Ladedrücke ist ein Aufladesystem erforderlich, welches grundlegend unterschiedlich aufgebaut sein kann. In den folgenden Abschnitten werden die Aufladeverfahren, ihre Vorteile und Nachteile ausgeführt.

Mechanische Aufladung

Bei der mechanischen Aufladung wird ein Verdichter direkt vom Verbrennungsmotor angetrieben. Bild 16 zeigt den Aufbau eines modernen Roots-Kompressors mit den beiden gegeneinander drehenden Rotoren (1). In der Regel sind Motor- und Verdichterdrehzahl z. B. über einen Keilrippenriemen-

Bild 16
1 Rotoren
2 Riemenscheibe

antrieb (2) fest miteinander gekoppelt. Zum Abschalten des mechanischen Laders bei niedriger Motorlast wird i.A. noch eine elektromechanische Kupplung (nicht dargestellt) eingesetzt.

Der Ladedruck kann beim mechanischen Lader über einen Bypass gesteuert werden. Ein Teil des verdichteten Luftmassenstroms gelangt in die Zylinder und bestimmt die Füllung, der andere Teil strömt über den Bypass zurück zur Ansaugseite. Die Ansteuerung des Bypassventils übernimmt die Motorsteuerung.

Die Vorteile des mechanischen Laders sind ein spontanes Ansprechverhalten und ein gleichmäßiger Drehmomentverlauf. Allerdings belastet die Antriebsleistung den Motor und es sind Geräuschdämpfungsmaßnahmen sowie ein vergleichsweise großer Bauraum erforderlich.

Druckwellenaufladung

Bei der Druckwellenaufladung werden im Hochdruckprozess heiße, unter Druck stehende Abgase kurzzeitig mit atmosphärischer Ansaugluft in Zellen eines Rotors in Kontakt gebracht (Bild 17). Dabei entwickelt sich von der Abgasseite ausgehend eine Druckwelle, welche die Ansaugluft verdichtet und auf der Ladeluftseite des Druckwellenladers ausstößt. Kurz vor Eintreffen der Abgas-Luft-Trennzone auf der Ladeluftseite wird die betreffende Zelle ladeluftseitig durch Weiterdrehen des Zellenrotors verschlossen. Durch den geringen Einzel-Kanalquerschnitt wird eine Vermischung von Frisch- und Abgas in der Trennzone weitgehend reduziert.

Im anschließenden Niederdruckprozess läuft die nun gedämpfte Druckwelle in die Gegenrichtung und verdichtet mit geringer Restenergie das in die Zelle zuvor eingetretene Abgas und stößt dieses durch die zwischenzeitlich erfolgte Öffnung auf der Ab-

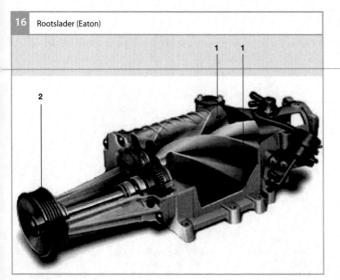

16   Rootslader (Eaton)

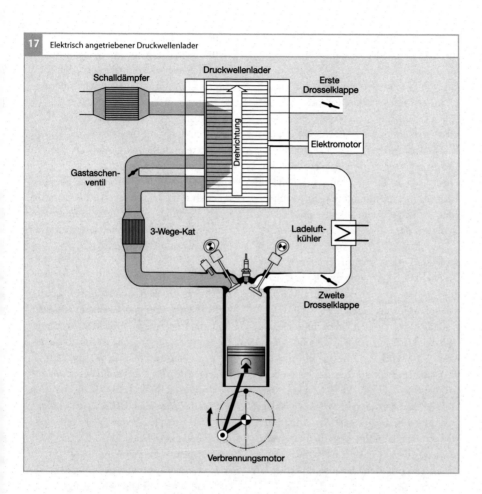

17   Elektrisch angetriebener Druckwellenlader

gasseite in die Abgasanlage. Gleichzeitig erfolgt auf der gegenüberliegenden Seite derselben Zelle bedingt durch dynamischen Unterdruck ein Ansaugvorgang von atmosphärischer Luft. Unmittelbar vor Erreichen der neuen Trennzone zwischen Ansaugluft und Abgas erfolgt durch kontinuierliches Weiterdrehen des Rotors ein Verschließen der Abgasseite, so dass ein unkontrolliertes Überströmen von Ansaugluft in den Abgasanlage vermieden wird.

Zur Erzielung günstigerer Einbauverhältnisse und zur besseren Regelung bietet es sich an, den Riementrieb durch einen elektrischen Antrieb zu ersetzen. Die Antriebs-

leistung ergibt sich im Wesentlichen auf Basis der Rotorträgheit und der Drehzahldynamik des Verbrennungsmotors und begrenzt sich damit auf dynamische Situationen. Zur Prozessoptimierung kann optional eine Verschiebung (Verdrehung) der Steuerquerschnitte auf der Luftseite vorgesehen werden, um den unterschiedlichen Gaslaufzeiten Rechnung tragen zu können. Die Leistung zur Verdichtung der Ladeluft wird ausschließlich vom Abgas generiert.

Zur Ladedruckregelung wird ein Gastaschenventil (siehe Bild 17) eingesetzt, welches bei voller Ladedruckanforderung im geschlossenen Zustand das Abgas vollständig in den Hochdruckprozess einleitet und mit sinkender Ladedruckanforderung bei zunehmender Öffnung zunehmend mehr Abgas in den Niederdruckprozess überführt.

Eine erste Drosselklappe stromauf des Druckwellenladers steuert das effektive Druckverhältnis im Niederdruckprozess, so dass weder kritische Mengen an Frischluft ins Abgas gelangen noch kritische Mengen an Abgas in die Frischluft überströmen können. Analog zu Ottomotoren ohne Aufladung wird eine zweite Drosselklappe zur Steuerung des Saugrohrdruckes verwendet.

Die Vorteile des Druckwellenladers sind ein hohes Druckverhältnis über einen breiten Drehzahlbereich und eine hohe Dynamik, daher zeigt er keine Anfahrschwäche. Außerdem zeigt er einen hohen Wirkungsgrad über einen weiten Drehzahlbereich.

Er zeigt jedoch eine sehr hohe Empfindlichkeit bezüglich des Abgasgegendrucks (z. B. aufgrund einer Abgasnachbehandlung stromabwärts des Druckwellenladers) und bezüglich des Druckverlusts der Sauganlage (z. B. ist ein beladenes oder nasses Luftfilterelement sehr kritisch). Außerdem heizt die Abgaswärme zunächst hauptsächlich den Zellenrotor und steht dabei dem Verdichtungsprozess nur ungenügend zur Verfügung, was zu einer Anfahrschwäche mit kaltem Zellenrotor führt. Ferner ist die Geräuschdämpfung kritisch. In den 70er- und 80er-Jahren entwickelte die Fa. BBC (CH-Baden) einen Druckwellenlader unter dem Namen Comprex, welcher in den Folgejahren zum Hyprex weiterentwickelt wurde.

Abgasturboaufladung

Von den bekannten Verfahren zur Aufladung von Verbrennungsmotoren findet die Abgasturboaufladung heute die breiteste Anwendung. Sie ermöglicht bereits bei Motoren mit kleinem Hubraum hohe Drehmomente und Leistungen bei guten Motorwirkungsgraden. Vor wenigen Jahren wurde die Abgasturboaufladung noch vorwiegend zur Leistungssteigerung bestehender Motoren eingesetzt. Aufgrund stetig wachsender Anforderungen an eine CO_2-Minderung, gleichzusetzen mit einer Kraftstoffverbrauchsminderung des Fahrzeuges, hat sich dieser Trend in Richtung innovativer Downsizing-Konzepte gewandelt. Hierbei wird der Hubraum sowie die Zylinderanzahl des Verbrennungsmotors verringert, um die mechanische Reibung des Aggregats zu minimieren und der einhergehende Leistungsverlust mittels Aufladung kompensiert.

Aufbau und Arbeitsweise

Der Abgasturbolader (ATL, **Bild 18**) setzt sich in seinen Hauptbestandteilen aus einer Abgasturbine, einem Verdichter sowie einer Lagerung zusammen. Die Abgasturbine besteht aus dem Turbinenrad (8) und dem Turbinengehäuse (9), der Verdichter aus dem Verdichterrad (3) und dem Verdichtergehäuse (2), die Lagerung aus der Welle (6), der Radiallagerung (5, 7), der Axiallagerung (4) und dem Lagergehäuse (11).

Die Abgasturbine sitzt im Abgastrakt, üblicherweise direkt hinter dem Abgaskrümmer und vor dem Katalysator. Aufgrund der hohen Abgastemperaturen müssen Turbinenrad und -gehäuse aus hitzebeständigen Werkstoffen gefertigt sein.

Zum Antrieb der Turbine wird die Energie genutzt, die im heißen und unter Druck stehenden Abgas enthalten ist. Das heiße Abgas strömt durch das Turbinengehäuse ein, in welchem es durch eine kontinuierliche Querschnittsverengung beschleunigt wird, bevor es schließlich näherungsweise tangential auf das Turbinenrad auftrifft. Anschließend wird der Abgasstrom im Laufrad umgelenkt und verlässt das Turbinenrad in axialer Richtung. Der Impulsaustausch durch die Umlenkung treibt das Turbinen-

18   Abgasturbolader mit elektrisch betätigtem Wastegate und Schubumluftventil

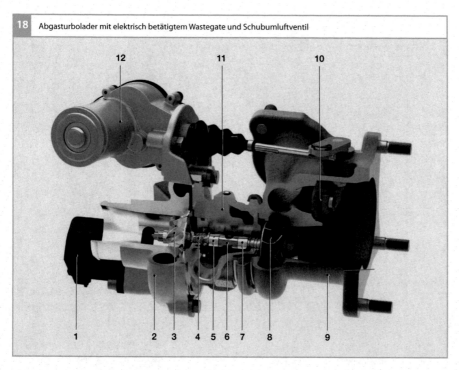

Bild 18
1   Schubumluftventil
2   Verdichtergehäuse
3   Verdichterrad
4   Axiallagerung
5   Radiallagerung
6   Welle
7   Radiallagerung
8   Turbinenrad
9   Turbinengehäuse
10 Wastegate
11 Lagergehäuse
12 elektrischer
    Wastegateaktor

rad an und versetzt es in eine schnelle Drehbewegung (je nach Raddurchmesser bis zu 350 000 min^{-1}).

Über die Welle wird die Rotationsleistung auf das Verdichterrad übertragen, welches sich bezüglich der Strömungsverhältnisse genau umgekehrt zum Turbinenrad verhält. Die Frischluft tritt axial in das Verdichterrad ein und wird von den Schaufeln radial nach außen geleitet, dabei stark beschleunigt und je nach Bauart auch bereits leicht verdichtet. Der hauptsächliche Druckaufbau findet nach Austritt aus dem Rad im Diffusor statt, wo die kinetische Energie des Gases in Druck umgesetzt wird.

Hierdurch wird eine Erhöhung der Ladungsdichte im Zylinder und damit eine größere Zylindermasse bei gleichem Hubvolumen erzielt, welche sich durch entsprechende Kraftstoffzugabe in einer annähernd proportional höheren Motorleistung widerspiegelt.

Durch die Komprimierung der Luft kommt es neben der Druckerhöhung jedoch auch zu einem Temperaturanstieg der Luft, welcher sich kontraproduktiv auf die Erhöhung der Dichte auswirkt. Um diesem Effekt entgegen zu wirken, wird die Luft nach Austritt aus dem Verdichtergehäuse vor Eintritt in den Motor in einem Ladeluftkühler wieder heruntergekühlt.

Damit nutzt der Abgasturbolader Abgasenergie, die sonst ungenutzt den Motor verlassen würde. Andererseits muss Energie aufgewendet werden, um das Abgas im Ausschiebetakt des Motors auf den mit Turbolader höheren Abgasdruck aufzustauen. Dies erhöht die Ladungswechselarbeit des Verbrennungsmotors.

In **Bild 19** ist exemplarisch ein Verdichterkennfeld mit einer typischen Volllast-Betriebslinie eines Ottomotors dargestellt. Aufgetragen ist das Druckverhältnis (Verhältnis

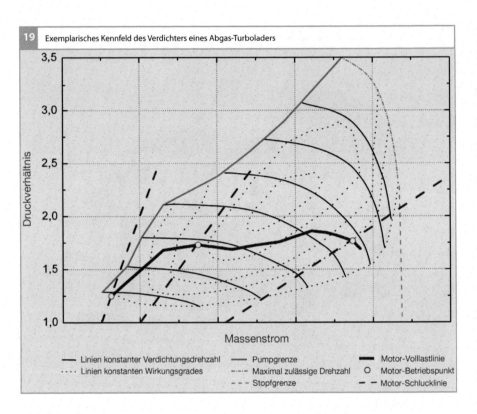

19 Exemplarisches Kennfeld des Verdichters eines Abgas-Turboladers

Druckverhältnis

Massenstrom

— Linien konstanter Verdichtungsdrehzahl   — Pumpgrenze   ▬ Motor-Volllastlinie
···· Linien konstanten Wirkungsgrades   ---- Maximal zulässige Drehzahl   ○ Motor-Betriebspunkt
                                               --- Stopfgrenze   – – Motor-Schlucklinie

des Austrittsdrucks zum Eintrittsdruck) über dem Massenstrom. Die Drehzahl des Verdichters steigt mit dem Durchsatz und dem Druckverhältnis an. Die Linien konstanten Wirkungsgrades haben eine Muschelform, wobei der maximale Wirkungsgrad in etwa in der Mitte des Kennfeldes liegt und bei typischen Pkw-Verdichtern je nach Größe Werte zwischen etwa 70 und 75 % erreicht. Begrenzt wird das Kennfeld links durch die Pump-, rechts durch die Stopf- und oben durch die maximale Drehzahlgrenze.

Links von der Pumpgrenze im Bereich niedriger Durchsätze und hoher Druckverhältnisse ist kein stabiler Betrieb des Verdichters möglich. Hier kommt es zu einer Ablösung der Strömung von der Verdichterschaufel, was zu Verwirbelungen und schließlich einem Abfall des Druckes führt.

Durch die sich einstellenden Druckverhältnisse kommt es zu einem kurzzeitigen Rückströmen bis sich schließlich der Druck hinter dem Verdichter wieder aufbaut. Dieser sich wiederholende Prozess wird als „Verdichterpumpen" bezeichnet und ist durch Schwingungen großer Amplitude im Ladedruck im Bereich von 5...10 Hz, abhängig von der Geometrie der Leitungsführung vor und hinter dem Verdichter, erkennbar.

Um das Verdichterpumpen und die damit einhergehende, störende Geräuschentwicklung und eine unzulässige Belastung des Verdichters zu vermeiden, wird in kritischen Betriebssituationen (z. B. schnelle Gaswegnahme) das Schubumluftventil (**Bild 18**, Pos. 1) im Verdichter-Bypass geöffnet.

Nach oben hin wird das Kennfeld durch die maximale Drehzahl begrenzt, für die der Abgasturbolader je nach Lastkollektiv und

Bauweise zugelassen ist. Die Stopfgrenze wird durch die stark fallenden Drehzahllinien am rechten Kennfeldrand gekennzeichnet. Der maximale Volumenstrom eines Radialverdichters ist in der Regel durch die Querschnittsfläche am Verdichterradeintritt begrenzt. Erreicht dort die einströmende Luft Schallgeschwindigkeit, so ist kein weiteres Anwachsen des Durchsatzes mehr möglich.

Die Motor-Volllastlinie des Verbrennungsmotors steigt bei niedrigen Motordrehzahlen nahe der Pumpgrenze an. Mit zunehmender Motordrehzahl, zunehmender Motorleistung und zunehmender Abgasenthalpie steigt auch die verrichtete Arbeit an der Turbine. Die feste Kopplung zwischen Turbine und Verdichter führt schließlich zu einem höheren Ladedruck. Sobald das maximale Drehmoment des Motors erreicht wird, muss mittels eines Stellglieds die Turbinenleistung und damit der Ladedruck begrenzt werden. Nachfolgend werden verschiedene Bauarten vorgestellt, die dies auf unterschiedliche Weise realisieren.

Abgasturbolader-Bauarten
Eine hinsichtlich Fahrbarkeit angenehme Motorauslegung weist ein hohes Motordrehmoment bei niedrigen Motordrehzahlen auf. Die Charakteristik des Abgasturboladers weist jedoch entgegen diesem Auslegungskriterium einen exponentiell steigenden Ladedruck mit zunehmendem Massenstrom auf. Hierdurch wird zum einen bei niedrigen Motordrehzahlen der erforderliche Ladedruck nicht erreicht, zum anderen übersteigt der Ladedruck bei hohen Motordrehzahlen die Motoranforderungen.

Abgasturbolader mit Wastegate
Bei einem Abgasturbolader mit Wastegate (Bild 18) wird eine Auslegung für einen kleinen Abgasmassenstrom gewählt, sodass be-

reits bei geringen Motordrehzahlen ein ausreichend hoher Ladedruck bereitgestellt werden kann. Bei größeren Abgasmassenströmen wird dagegen ein Teilstrom über ein Bypassventil, das Wastegate (Bild 18, Pos. 10), an der Turbine vorbei in die Abgasanlage abgeführt. Üblicherweise ist dieses Bypassventil in Klappenausführung im Turbinengehäuse integriert.

In den meisten Anwendungen wird das Wastegate über eine pneumatische Steuerdose betätigt. Hierbei kommen je nach Anwendungsgebiet und Medienverfügbarkeit am Fahrzeug Unter- oder Überdruckdosen zum Einsatz. Die einfachste Variante stellt hier die Verwendung des Ladedruckes als Steuerdruck dar. Mittels eines Taktventils zwischen Druckversorgung und Aktor kann über das Motorsteuergerät der Druck und damit der Weg am Aktor eingestellt werden. Eine Weiterentwicklung stellen Druckdosen mit integriertem Wegsensor dar, was die Genauigkeit der Positionseinstellung erhöht und damit den Einregelvorgang des Ladedruckes beschleunigt.

Bild 18 zeigt ein Wastegate mit elektrischem Aktor (Pos. 12). Die Vorteile liegen hier bei höheren Zuhaltekräften des Wastegates, was zu geringeren Leckageströmen und damit zu einem besseren Ansprechverhalten führt sowie zu einer flexiblen Ansteuerung des Wastegates im gesamten Motorbetriebskennfeldes, unabhängig vom verfügbaren Systemdruck.

Abgasturbolader mit zweiflutiger Turbine
Bei Motoren mit vier oder mehr Zylindern kann es für den Ladungswechsel des Motors von Vorteil sein, die abgasseitige Leitungsführung der hintereinander zündenden Zylinder voneinander zu trennen (Bild 20), um ein Übersprechen des ersten Druckpulses nach Öffnen des Ventils (Vorauslassstoß) auf den Zylinder, dessen Auslassventil gerade

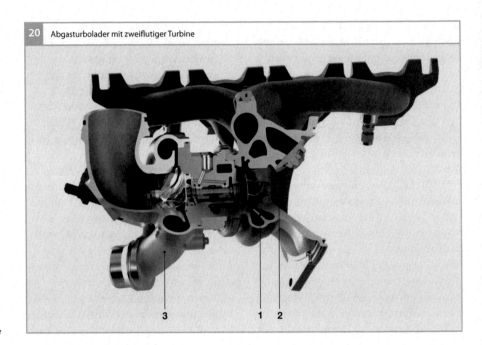

20   Abgasturbolader mit zweiflutiger Turbine

3   **1**   **2**

Bild 20
1   zweiflutige
    Turbinenvolute
2   Turbinengehäuse
3   Verdichtergehäuse

schließt, zu vermeiden. Dies würde zu einem Anstieg der im Zylinder verbleibenden Restgasmasse und damit zu einer schlechteren Füllung sowie zu einer schlechteren Klopfempfindlichkeit führen.

Die Trennung der Abgasleitungen (die Flutentrennung) erfolgt bei der zweiflutigen Turbine bis kurz vor das Turbinenrad. Dabei werden die Zylinder voneinander separiert, welche direkt hintereinander ausschieben. Ein weiterer Vorteil dieses Prinzips ist die sogenannte Stoßaufladung. Durch das verringerte Volumen zwischen ausstoßendem Zylinder und Turbine kann noch ein Großteil der kinetischen Energie des Druckpulses zur Beschleunigung des Turbinenrades beitragen, was sich in einem besseren Ansprechverhalten sowie einem höheren Motordrehmoment bei niedrigen Motordrehzahlen (Low-End-Torque) äußert. Befindet sich dagegen ein großes Volumen zur Dämpfung der Druckpulse zwischen den Auslasskanälen und der Turbine, spricht

man von einer Stauaufladung. Diese weist zwar Nachteile im Ansprechverhalten und im Low-End-Torque auf, erreicht jedoch bei optimierter Auslegung durch eine konstante Druckbeaufschlagung höhere thermodynamische Wirkungsgrade.

Abgasturbolader mit verstellbarer Turbinengeometrie
Verstellbare Turbinen-Geometrien (Variable Turbinen-Geometrie VTG) bieten eine weitere Möglichkeit, den Ladedruck bei hoher Motordrehzahl zu begrenzen. Der VTG-Abgasturbolader ist bei Dieselmotoren Stand der Technik (siehe z. B. [3]). Bei Ottomotoren wird er ebenfalls eingesetzt, konnte sich jedoch u. a. wegen der hohen thermischen Belastung durch die heißeren Abgase nicht auf breiter Front durchsetzen.

Die verstellbaren Leitschaufeln (**Bild 21**) passen den Strömungsquerschnitt zwischen der turbinenseitigen Volute und dem Eintritt in das Turbinenrad durch Variation des

21   Abgasturbolader mit verstellbarer Turbinengeometrie

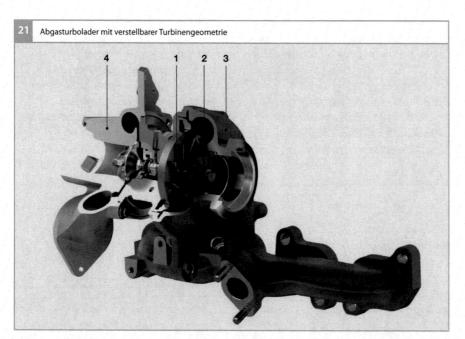

Bild 21
1   verstellbare Leit-
    schaufeln
2   Turbinenvolute
3   Turbinengehäuse
4   Verdichtergehäuse

Schaufelwinkels an. Bei niedrigem Abgasmassenstrom, also bei geringer Motordrehzahl, geben sie einen kleinen Strömungsquerschnitt frei, sodass der Abgasmassenstrom am Austritt der Leitschaufeln eine
hohe Geschwindigkeit erreicht und damit
die Abgasturbine auf eine hohe Drehzahl beschleunigt. Bei steigender Motordrehzahl
werden dagegen die Leitschaufeln geöffnet.
Dadurch wird ein größerer Strömungsquerschnitt freigegeben, was den Aufstaudruck
und damit die Drehzahl nicht weiter ansteigen lässt. Über die kontinuierliche Verstellung der Leitschaufeln ist es damit möglich,
in allen Betriebsbereichen den gewünschten
Ladedruck einzustellen, ohne Abgas an der
Turbine vorbeizuleiten.

Zur Steuerung des Strömungsquerschnitts
wird der Anstellwinkel der Leitschaufeln
verstellt. Hierzu werden die Leitschaufeln
über einzelne an ihnen befestigte Verstellhe-
bel, die mittels eines Verstellrings angesteuert werden, auf den gewünschten Winkel

eingestellt. Die Verstellung geschieht pneumatisch über eine Verstelldose oder mit Hilfe eines elektrischen Aktors. Die Vorteile der
Abgasturboaufladung sind hohe Ladedrücke,
eine kostengünstige Realisierung und kompakte Abmessungen. Nachteilig wirken sich
die begrenzte Kennfeldbreite und die Anfahrschwäche, insbesondere bei Hochaufla-
dung aus. Zur Vermeidung der oben beschriebenen Nachteile werden verschiedene
Aufladesysteme kombiniert.

Kombinierte Aufladesysteme
Neben dem Einsatz eines einzelnen Abgasturboladers mit verschiedensten Verstellmecha-
nismen gibt es auch eine Vielzahl von Anwendungen mit einer Kombination aus
mehreren Aufladeaggregaten. Hierbei werden
mehrere Abgasturbolader in unterschiedlichen Anordnungen miteinander gekoppelt,
um den Leistungs- und Betriebsbereich des
Motors zu erweitern. Zudem gibt es auch
Kombinationen aus mechanischen Auflade-

aggregaten und Abgasturboladern. Im Nachfolgenden wird auf die bekanntesten kombinierten Aufladesysteme kurz eingegangen.

Je ein Turbolader pro Zylinderbank
Dabei wird ein großer Turbolader durch zwei identische kleine Turbolader ersetzt, welche jeweils von einer Zylinderbank mit Abgas versorgt werden. Luftseitig werden die Ausgänge der beiden Verdichter vor dem Saugrohr zusammengeführt.

Registeraufladung
Im Gegensatz dazu wird bei der Registeraufladung ein großer Turbolader durch zwei unterschiedlich dimensionierte Turbolader ersetzt. Für geringe Massendurchsätze, d. h. im Teillastbetrieb oder im Vollastbetrieb bei niedrigen Motordrehzahlen wird nur ein kleiner Turbolader verwendet und der zweite Turbolader wird abgeschaltet. Bei hohen Massendurchsätzen stößt der kleine Turbolader an seine Grenzen und der zweite Turbolader wird dazugeschaltet.

Kombination aus mechanischer Aufladung und Abgasturboaufladung
Bei einer Reihenschaltung eines mechanischen Rootskompressors und eines Abgasturboladers wird der Vorteil des mechanischen Laders genutzt, bereits bei niedrigen Motordrehzahlen einen hohen Ladedruck und damit ein hohes Anfahrdrehmoment zur Verfügung zu stellen. Bei höheren Betriebspunkten und damit bei größeren Abgasmassenströmen wird der Kompressor abgekuppelt und der Abgasturbolader übernimmt die Aufgabe des effizienten Befüllens der Zylinder. In transienten Fahrvorgängen kann es selbst bei mittleren Motordrehzahlen zu einem kurzzeitigen Zuschalten des Kompressors kommen, um die Längsdynamik des Fahrzeuges zu unterstützen.

Ladungsbewegung

Für eine gute Gemischaufbereitung spielen die Strömungsverhältnisse im Saugrohr und im Zylinder eine wesentliche Rolle. Eine hohe Ladungsbewegung sorgt für eine gute Durchmischung des Luft-Kraftstoff-Gemischs und damit für eine gute, schadstoffarme Verbrennung.

Bei Teillast ist eine ausreichende Ladungsbewegung für die Gemischbildung und für eine stabile und robuste Verbrennung von großer Bedeutung, insbesondere für Betriebspunkte mit externer Abgasrückführung oder hohen internen Restgasraten zur Optimierung des Kraftstoffverbrauchs. Mangelnde Zündfähigkeit würde zu unruhigem Motorlauf bis hin zu Aussetzern führen. Zusätzlich dient die hohe Ladungsbewegung, insbesondere bei aufgeladenen Motoren im Bereich hoher Lasten, für eine schnellere Verbrennung und somit zu einer reduzierten Klopfneigung.

Einlasskanalauslegung zur Optimierung der Ladungsbewegung

Ladungsbewegung setzt sich aus großskaligen wirbel- und kreisförmigen Strömungen mit einem Durchmesser ähnlich zu den charakteristischen Größen des Brennraums zusammen. Diese Ladungsbewegung zerfällt während des Kompressionshubs in kleinskalige Turbulenz, welche maßgeblich zur Flammenausbreitung beiträgt. Dadurch wirkt sich die Ladungsbewegung positiv auf Kraftstoffverbrauch und Laufruhe des Motors aus.

Die Auslegung des Einlasskanals führt zu einem Kompromiss hinsichtlich optimalem Durchfluss und hoher Ladungsbewegung. Zur Erreichung der Volllastziele ist der Saugrohr- und Ventilspaltdurchfluss entscheidend. Dabei muss aber auch auf die notwendige Ladungsbewegung und Turbulenz zur Erreichung hoher Brenngeschwindigkeiten

geachtet werden. Bei Teillast spielt die Ladungsbewegung und die zum Verbren-
nungszeitpunkt entstehende Turbulenz zum
Erhalt einer guten Verbrennungsstabilität
eine entscheidende Rolle, da im Brennraum
sehr niedrige Drücke und Temperaturen
vorliegen und dadurch die Reaktionsge-
schwindigkeiten gering sind.

Ladungsbewegungsklappe

Zusätzlich zur Saugrohrauslegung werden
zur aktiven Steuerung der Ladungsbewegung Ladungsbewegungsklappen eingesetzt.
Bei Systemen mit Benzin-Direkteinspritzung
kann entweder eine kontinuierlich geregelte
oder eine geschaltete Ladungsbewegungsklappe mit zwei Stellungen eingesetzt werden, um eine hohe Ladungsbewegung zu erzeugen. Das Saugrohr ist typischerweise im
Bereich des Einlassventils in zwei Kanäle
getrennt, wobei sich ein Kanal durch eine
Klappe verschließen lässt (Bild 25). Durch
diese Ladungsbewegungsklappe wird in Verbindung mit der Geometrie des Einlassbe-
reichs eine walzen- oder eine drallförmige
Bewegung des Gemischs im Brennraum erreicht (Bild 26). Für die walzenförmige Bewegung wird auch häufig der Begriff Tumble
verwendet, für die drallförmige Bewegung
ist der Begriff Swirl üblich. Über eine Ladungsbewegungsklappe kann die Intensität
der Ladungsbewegung beeinflusst werden.
Diese erzwungene Strömung stellt beim
wandgeführten Schichtbrennverfahren den
Gemischtransport zur Zündkerze sicher und
unterstützt die Gemischaufbereitung.

Im Homogenbetrieb ist die Ladungsbewegungsklappe in der Regel bei niedrigen
Drehmomenten und Drehzahlen geschlossen. Bei hohen Drehmomenten und Drehzahlen muss die Ladungsbewegungsklappe
geöffnet werden. Sonst ist es nicht möglich,
die für die hohe Leistung benötigte Luft in
den Brennraum anzusaugen, da die La-

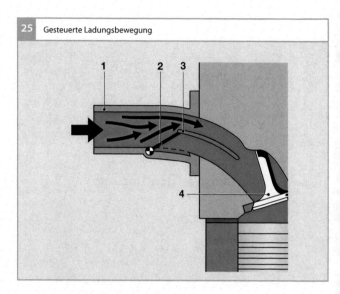

25 Gesteuerte Ladungsbewegung

dungsbewegungsklappe einen Teil des Strömungsquerschnitts verschließen würde.
Durch die frühe Einspritzung des Kraftstoffs
in den Brennraum, die bereits im Ansaugtakt erfolgt, sowie durch das hohe Temperaturniveau wird eine gute Gemischaufberei-

Bild 25
1 Saugrohr
2 Ladungsbewe-
   gungsklappe
3 Trennsteg
4 Einlassventil

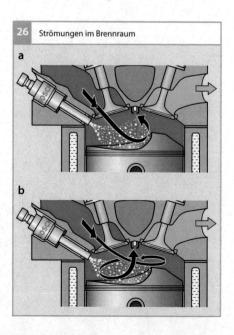

26 Strömungen im Brennraum

a

b

Bild 26
a Tumble (walzenför-
   mige Bewegung)
b Swirl (Drallbewe-
   gung)

tung auch ohne erhöhte Ladungsbewegung erreicht.

Bei der Saugrohreinspritzung ist die technische Realisierung mit einer Ladungsbewegungsklappe schwierig, da verhindert werden muss, dass sich bei geschlossener Klappe Kraftstoff ansammelt, welcher beim Öffnen der Klappe in den Brennraum gelangt.

Abgasrückführung

Die durch Abgasrückführung (AGR) im Zylinder verbleibende Restgasmasse erhöht den Inertgasanteil der Zylinderfüllung über den Wert des Inertgasanteils der angesaugten Luft. Der Anteil des im Zylinder verbleibenden Restgases kann über variable Steuerzeiten beeinflusst werden. In diesem Fall spricht man von einer „inneren" Abgasrückführung. Eine größere Variation des Inertgasanteils ist über eine „äußere" Ab-

gasrückführung möglich, bei der über eine Leitung bereits ausgestoßene Abgase zum Saugrohr zurückgeführt werden (**Bild 27**, Pos. 3). Ein größerer Inertgasanteil führt im Allgemeinen zu geringeren Stickoxidemissionen und zu einem geringeren Kraftstoffverbrauch.

Steuerung der externen Abgasrückführung

Das Motorsteuergerät (**Bild 27**, Pos. 4) regelt abhängig vom Betriebspunkt des Motors das elektrisch betätigte Abgasrückführventil (5). Dem Abgas (6) wird ein Teilstrom entnommen (3) und der angesaugten Frischluft (1) zugeführt. Damit Abgas über das Abgasrückführventil angesaugt werden kann, muss ein Druckgefälle zwischen Saugrohr und Abgastrakt herrschen.

Direkteinspritzende Motoren im Magerbetrieb werden in der Teillast nahezu ungedrosselt, d. h. bei hohem Saugrohrdruck ge-

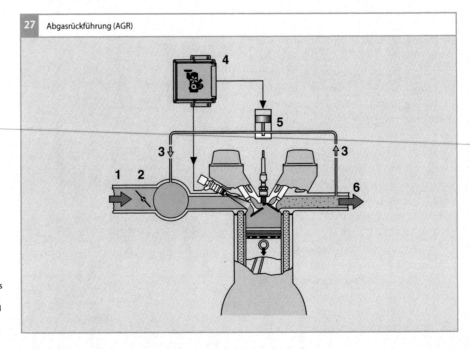

| 27 | Abgasrückführung (AGR) |

Bild 27
1 angesaugte Frisch-
   luft
2 Drosselklappe
3 rückgeführtes Abgas
4 Motorsteuergerät
5 Abgasrückführventil
   (AGR-Ventil)
6 Abgas

fahren. Ferner wird im Magerbetrieb neben dem gewünschten Inertgas eine nicht unerhebliche Menge Sauerstoff über das Abgasrückführsystem in das Saugrohr zurückgeleitet. Daher ist eine Steuerstrategie erforderlich, die sowohl die Drosselklappe als auch das AGR-Ventil koordiniert. Außerdem ergeben sich hohe Anforderungen an das Abgasrückführsystem: Es muss präzise und zuverlässig arbeiten, und es muss robust gegenüber den Ablagerungen sein, die sich aufgrund der niedrigeren Abgastemperatur in den abgasführenden Teilen bilden.

Reduzierung des Kraftstoffverbrauchs

Das zurückgeführte Inertgas verdrängt den Sauerstoff im vom Motor angesaugten Gas. Um den gewünschten Lastpunkt einstellen zu können, muss dies durch einen höheren Ansaugdruck kompensiert werden. Ein niedrigerer Kraftstoffverbrauch aufgrund gesunkener Drosselverluste (Pumpverluste, Ladungswechselverluste) ist die Folge. Das Inertgas beeinträchtigt jedoch die Zündfähigkeit des Gemischs. Um diese bis zu möglichst hohen Inertgas-Mengen aufrecht zu erhalten, sind Zusatzmaßnahmen erforderlich. Als sehr wirksames Mittel kann man die Turbulenz im Brennraum durch Ladungsbewegungsklappen im Ansaugkanal steigern.

Begrenzung der NO_x-Emission

Bei magerem Motorbetrieb kann der Dreiwegekatalysator die Stickoxide im Abgas aufgrund des Sauerstoffüberschusses nicht mehr reduzieren. Daher muss es das erste Ziel sein, die NO_x-Rohemissionen im Verbrennungsabgas zu senken. Nur so kann man vermeiden, dass die Maßnahmen zur NO_x-Nachbehandlung den durch den Magerbetrieb erreichten Verbrauchsvorteil zunichtemachen, da bei hohen NO_x-Rohemissionen die Regeneration des NO_x-Speicherkatalysators über einen fetten Homogenbetrieb (mit $\lambda < 1$) öfters eingeleitet werden muss.

Die Abgasrückführung ist ein wirkungsvolles Mittel zur Reduktion der NO_x-Rohemissionen; durch Zumischen von bereits verbranntem Abgas zum Luft-Kraftstoff-Gemisch wird die Verbrennungs-Spitzentemperatur gesenkt. Diese Maßnahme mindert die sehr stark temperaturabhängige Stickoxidbildung.

Literatur

[1] Rudolf Pischinger, Manfred Klell, Theodor Sams: Thermodynamik der Verbrennungskraftmaschine; ISBN 978-3-211-99276-0, 3. Aufl. Springer, Wien New York

[2] Konrad Reif (Hrsg.): Sensoren im Kraftfahrzeug. 2., ergänzte Auflage, Springer Vieweg, Wiesbaden 2012, ISBN 978-3-8348-1778-5

[3] Konrad Reif (Hrsg.): Dieselmotor-Management: Systeme, Komponenten, Steuerung und Regelung. 5., überarbeitete und erweiterte Auflage, Springer Vieweg, Wiesbaden 2012, ISBN 978-3-8348-1715-0

Einspritzung

Aufgabe der Einspritzsysteme ist es, den vom Kraftstoffversorgungssystem aus dem Tank zum Motorraum geförderten Kraftstoff auf die einzelnen Zylinder des Ottomotors zu verteilen und den Kraftstoff entsprechend der Anforderungen aufzubereiten.

Moderne Ottomotoren benötigen zur Einhaltung strenger Abgas- und Verbrauchsvorschriften eine bezüglich Menge und zeitlicher Abfolge hoch präzise Zumessung des Kraftstoffs sowie eine optimale Aufbereitung des Kraftstoff-Luft-Gemisches. Die hoch dynamischen und sehr komplexen Vorgänge der Gemischbildung stellen hohe Anforderungen an das Gemischaufbereitungssystem, weshalb sich die elektronisch gesteuerte Kraftstoffeinspritzung gegenüber dem Vergaser als das dominierende System durchgesetzt hat.

Man unterscheidet grundsätzlich zwei Arten von Einspritzsystemen: das System mit äußerer Gemischbildung – die Saugrohreinspritzung (SRE), und das System mit innerer Gemischbildung – die Benzindirekteinspritzung (BDE). Bei der Saugrohreinspritzung findet die Gemischbildung überwiegend außerhalb des Brennraums im Saugkanal statt, während bei der Benzindirekteinspritzung die Gemischbildung ausschließlich im Zylinder stattfindet. In Bild 1 sind die wesentli-

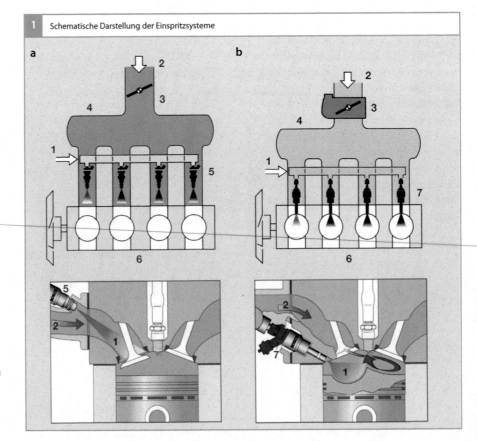

1 Schematische Darstellung der Einspritzsysteme

Bild 1
a Saugrohr-
  einspritzung
b Benzindirekt-
  einspritzung

1 Kraftstoff
2 Luft
3 Drosselvorrichtung
4 Saugrohr
5 Einspritzventil
6 Motor
7 Hochdruck-Ein-
  spritzventil

chen Unterschiede beider Systeme dargestellt. Die Unterschiede in den Gemischbildungsmechanismen und in der Systemge-
staltung führen auch zu unterschiedlichen
Anforderungen an die Einspritzkomponenten, die in den nachfolgenden Abschnitten
näher beschrieben werden.

Durch den zunehmenden Einsatz von al-
ternativen Kraftstoffen ergeben sich erweiterte Anforderungen an die Subsysteme und
Komponenten des Gemischbildungssystems
hinsichtlich der Qualität der Gemischaufbereitung, der Zumessbereiche und auch der
Medienverträglichkeit der Komponenten.

Saugrohreinspritzung

Bei Ottomotoren mit Saugrohreinspritzung
(SRE) beginnt die Bildung des Luft-Kraftstoff-Gemischs außerhalb des Brennraums
im Saugrohr. Diese Motoren sowie deren
Steuerungssysteme wurden im Lauf der Zeit
immer weiter verbessert.

Übersicht
Aufbau
An Kraftfahrzeuge werden hohe Ansprüche
hinsichtlich des Abgasverhaltens, des Ver-
brauchs und der Laufkultur gestellt. Daraus
ergeben sich komplexe Anforderungen an
die Bildung des Luft-Kraftstoff-Gemischs.
Neben der genauen Dosierung der eingespritzten Kraftstoffmasse – abgestimmt auf
die vom Motor angesaugte Luftmasse – ist
auch der genaue Zeitpunkt der Einspritzung
(das Einspritz-Timing) sowie die Ausrichtung des Sprays relativ zum Saugkanal und
zum Brennraum (das Spray-Targeting) von
Bedeutung. Diese Anforderungen treten –
bedingt durch die fortwährende Verschär-
fung der Abgasgesetzgebung – immer stär-
ker in den Vordergrund. Auch der Beitrag
des Brennverfahrens zur Verbrauchsreduzie-

rung gewinnt immer mehr an Bedeutung.
Dementsprechend bedarf es einer stetigen
Weiterentwicklung der Einspritzsysteme.

Stand der Technik bei der Saugrohreinspritzung ist die elektronisch gesteuerte Ein-
zeleinspritzanlage, bei der der Kraftstoff für
jeden Zylinder einzeln intermittierend (d. h.
zeitweilig aussetzend) direkt vor die Einlassventile eingespritzt wird. Die elektronische
Steuerung ist im Steuergerät des Motorma-
nagementsystems integriert. Eine Übersicht
über ein System mit Saugrohreinspritzung
gibt Bild 2.

Keine Bedeutung mehr für Neuentwicklungen haben die mechanischen, kontinuierlich einspritzenden Einzeleinspritzsysteme
sowie die Systeme mit Zentraleinspritzung.
Bei der Zentraleinspritzung wird der Kraftstoff intermittierend, aber nur über ein ein-
ziges Einspritzventil vor der Drosselklappe
in das Saugrohr eingespritzt.

Weiterentwicklungen finden im Bereich
der Einspritzkomponenten bezüglich des
Zumessbereichs (durch den Trend zu Turbo-
Motoren und ethanolhaltigen Kraftstoffen),
der Ventilsitzdichtheit (zur Verringerung der
Verdunstungsemissionen) und der Optimierung der Baugröße statt. Im Bereich der Einspritzsysteme werden neuartige Ansätze, wie
z. B. die Verwendung von zwei Einspritzventilen je Saugkanal (Twin-Injection)
betrachtet.

2   Strukturbild eines Ottomotors mit Saugrohreinspritzung einschließlich Komponenten für die Steuerung und Regelung

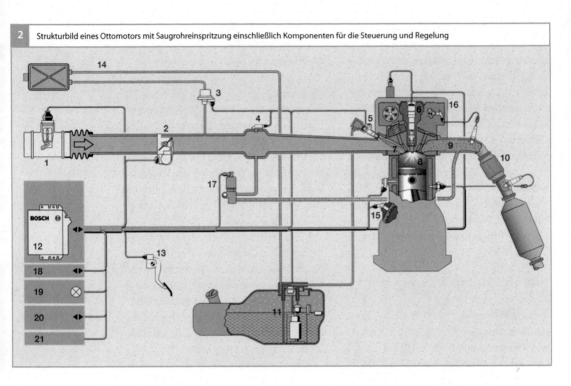

Bild 2

1   Luftmassenmesser
2   Drosselklappensteller
3   Tankentlüftungsventil
4   Saugrohrdrucksensor
5   Einspritzventil mit Rail
6   Zündspule mit Zündkerze
7   Einlasskanal
8   Brennraum
9   Auslasstrakt
10 Abgassystem
11 Tank mit Fördermodul

12 Motorsteuergerät
13 Fahrpedalmodul
14 Tankentlüftungssystem
15 Drehzahlsensor
16 Phasensensor für die Nockenwelle
17 Abgasrückführventil
18 CAN-Schnittstelle
19 Motorkontrollleuchte
20 Diagnoseschnittstelle
21 Schnittstelle zur Wegfahrsperre

Arbeitsweise

Erzeugen des Luft-Kraftstoff-Gemischs

Bei Benzineinspritzsystemen mit Saugrohreinspritzung wird der Kraftstoff in das Saugrohr oder in den Einlasskanal eingespritzt. Hierzu fördert die Elektrokraftstoffpumpe den Kraftstoff zu den Einspritzventilen. Dort steht der Kraftstoff mit dem Systemdruck an. Bei Einzeleinspritzanlagen ist jedem Zylinder ein Einspritzventil zugeordnet (**Bild 3**, Pos. 5), das den Kraftstoff intermittierend in das Saugrohr (6) oder in den Einlasskanal vor die Einlassventile (4) einspritzt.

Die Gemischbildung beginnt außerhalb des Brennraums im Einlasskanal mit der Einspritzung des Kraftstoffsprays (7). Nach der Einspritzung strömt im darauf folgenden Ansaugtakt das entstandene Luft-Kraftstoff-Gemisch durch die geöffneten Einlassventile in den Zylinder, wo die Gemischbildung vollendet wird. Dieser Vorgang wird entscheidend vom Spray-Targeting und auch vom Einspritz-Timing beeinflusst. Die Luftmasse wird dabei über die Drosselklappe (**Bild 2**, Pos. 2) dosiert. Je nach Motortyp werden manchmal ein, überwiegend aber zwei Einlassventile pro Zylinder eingesetzt.

Die Kraftstoffzumessung der Einspritzventile ist so ausgelegt, dass der Kraftstoffbedarf für alle Motorzustände abgedeckt ist. Dies bedeutet einerseits, dass bei hohen

3 Motor mit Saugrohreinspritzung

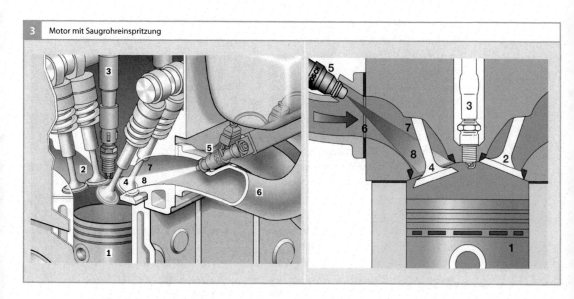

Bild 3
1 Kolben
2 Auslassventil
3 Zündspule mit
  Zündkerze
4 Einlassventil
5 Einspritzventil
6 Saugrohr
7 Einlasskanal
8 Spray

Drehzahlen und Lasten in der zur Verfügung stehenden Zeit ausreichend Kraftstoff eingespritzt werden muss (bei maximalem Durchfluss, eventuell zusätzlich erweitert durch Turboaufladung). Andererseits ist auch sicherzustellen, dass für den Leerlaufbetrieb eine ausreichende Kleinsteinspritzmenge unter Berücksichtigung von zusätzlichen Bedingungen (z. B. der Tankentlüftung) darstellbar ist, um den stöchiometrischen Betrieb (mit $\lambda = 1$) des Motors zu gewährleisten.

Messen der Luftmasse
Damit das Luft-Kraftstoff-Gemisch genau eingestellt werden kann, kommt der Erfassung der an der Verbrennung beteiligten Luftmasse eine große Bedeutung zu. Der Luftmassenmesser (**Bild 2, Pos. 1**), der vor der Drosselklappe sitzt, misst den Luftmassenstrom, der durch das Saugrohr strömt und gibt ein elektrisches Signal an das Motorsteuergerät (12) weiter. Alternativ dazu gibt es auch Systeme, die mit einem Drucksensor (4) den Saugrohrdruck messen und daraus in Verbindung mit der Drosselklap-

penstellung und der Drehzahl die angesaugte Luftmasse berechnen. Das Motorsteuergerät berechnet aus der angesaugten Luftmasse und dem aktuellen Betriebszustand des Motors die erforderliche Kraftstoffmasse.

Einspritzzeit
Die Einspritzzeit, die notwendig ist, um die berechnete Kraftstoffmasse einzuspritzen, ergibt sich aus der Abhängigkeit vom engsten Querschnitt im Einspritzventil, dessen Öffnungs- und Schließverhalten, sowie dem Differenzdruck zwischen Saugrohr und Kraftstoffdruck.

Schadstoffminderung
Die Weiterentwicklung in der Motortechnik führte in den vergangenen Jahren zu verbesserten Verbrennungsprozessen und damit zu geringeren Rohemissionen. Elektronische Motorsteuerungssysteme ermöglichen die exakte Einspritzung der benötigten Kraftstoffmenge entsprechend der angesaugten Luftmasse, die genaue Einstellung des Zündzeitpunkts sowie die betriebspunktabhängige Optimierung der Ansteuerung aller vorhan-

denen Komponenten (z. B. der elektrischen Drosselvorrichtung, **Bild 2**, Pos. 2). Diese Punkte führen neben der Leistungssteigerung der Motoren auch zur deutlichen Verbesserung der Abgasqualität und zu einer Verbrauchsreduzierung.

In Kombination mit dem Abgasnachbehandlungssystem (**Bild 2**, Pos. 10) ist es möglich, die marktspezifischen gesetzlichen Abgasgrenzwerte einzuhalten. Der Dreiwegekatalysator kann die bei der Verbrennung entstandenen Schadstoffe bei stöchiometrischem Luft-Kraftstoff-Gemisch ($\lambda = 1$) weitgehend abbauen. Deshalb werden Motoren mit Saugrohreinspritzung in den meisten Betriebspunkten mit dieser Gemischzusammensetzung betrieben.

Motorische Maßnahmen
Neben den nachfolgend diskutierten Maßnahmen im Einspritzsystem können auch motorische Maßnahmen die Rohemissionen verringern und die Verbrennungseffizienz steigern. Folgende Maßnahmen sind heute verbreitet:
● Optimierung der Brennraumgeometrie,
● Mehrventiltechnik,
● variabler Ventiltrieb,
● zentrale Zündkerzenlage,
● Erhöhung der Verdichtung,
● Abgasrückführung.

Im Betriebsbereich des Motorkaltstarts ist die Schadstoffminderung eine wichtige Aufgabe. Mit der Betätigung des Zündschlüssels oder des Startknopfes dreht der Starter und treibt den Motor mit Starterdrehzahl an. Die Signale von Drehzahl- und Phasensensor (**Bild 2**, Pos. 15 und 16) werden erfasst. Das Motorsteuergerät ermittelt daraus die Kolbenpositionen der einzelnen Zylinder. Entsprechend der im Steuergerät abgelegten Kennfelder werden die Einspritzmengen berechnet und über die Einspritzventile eingespritzt. Darauf abgestimmt wird die Zündung aktiviert. Mit der ersten Verbrennung erfolgt der Drehzahlanstieg.

Der Kaltstart wird durch verschiedene Phasen charakterisiert (**Bild 4**):
● Startphase,
● Nachstartphase,
● Warmlauf,
● Katalysator-Heizen.

Startphase
Der Bereich von der ersten Verbrennung bis zum erstmaligen Überschreiten der definierten Startende-Drehzahl wird als Startphase bezeichnet. Für den Motorstart ist eine erhöhte Kraftstoffmenge notwendig (z. B. bei 20 °C ca. die 3- bis 4-fache Volllastmenge).

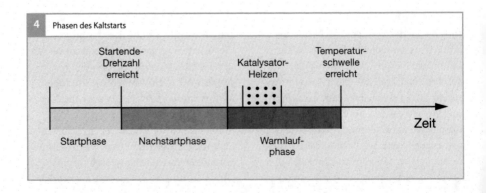

4   Phasen des Kaltstarts

Nachstartphase
In der anschließenden Nachstartphase werden die Füllung und die Einspritzmenge abhängig von der Motortemperatur und der bereits seit Startende vergangenen Zeit sukzessive reduziert.

Warmlaufphase
Die Warmlaufphase schließt sich der Nachstartphase an. Aufgrund der noch niedrigen Motortemperatur (und der daraus resultierenden erhöhten Reibmomente) besteht ein erhöhter Drehmomentbedarf. Dies bedeutet, dass weiterhin ein größerer Kraftstoffbedarf im Vergleich zum Bedarf bei warmem Motor gegeben ist. Dieser Mehrbedarf ist im Gegensatz zur Nachstartphase nur von der Motortemperatur abhängig und bis zu einer bestimmten Temperaturschwelle erforderlich.

Katalysator-Heizphase
Mit der Katalysator-Heizphase wird der Bereich des Kaltstarts bezeichnet, in dem durch Zusatzmaßnahmen ein schnelleres Aufheizen des Katalysators erreicht wird. Die Grenzen der verschiedenen Phasen sind fließend. Die Katalysator-Heizphase kann dem Warmlauf überlagert sein. Abhängig vom jeweiligen Motorsystem kann die Warmlaufphase auch über die Katalysator-Heizphase hinausreichen.

Emissionen während des Kaltstarts
Kraftstoff, der sich im Start bei kaltem Motor an der kalten Zylinderwand niederschlägt, verdunstet nicht sofort und nimmt deshalb nicht an der folgenden Verbrennung teil. Er gelangt im Ausstoßtakt in das Abgassystem und leistet somit keinen Beitrag zum Drehmomentaufbau. Um einen stabilen Motorhochlauf zu gewährleisten, ist deshalb eine erhöhte Kraftstoffmenge in Start- und Nachstartphase erforderlich.

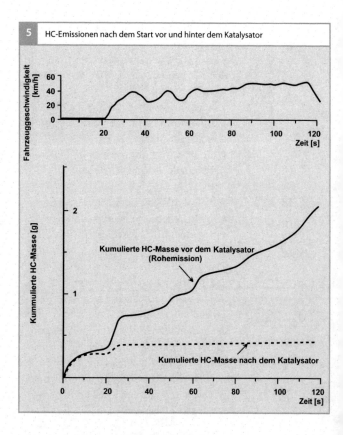

5 HC-Emissionen nach dem Start vor und hinter dem Katalysator

Die unverbrannt ausgestoßenen Kraftstoffbestandteile führen zu einem drastischen Anstieg der HC-Emissionen (Bild 5), aber auch der CO-Rohemissionen. Hinzu kommt, dass der Katalysator die Mindesttemperatur von etwa 300 °C erreicht haben muss, bevor er die Schadstoffe umsetzen kann. Damit der Katalysator schnell seine Betriebstemperatur erreicht, gibt es Maßnahmen, die ein schnelles Aufheizen des Katalysators ermöglichen. Zusätzlich gibt es Zusatzsysteme zur thermischen Nachbehandlung des Abgases, die in der Katalysator-Heizphase aktiviert werden.

Maßnahmen zur Aufheizung des
Katalysators
Ein schnelles Aufheizen des Katalysators im
Kaltstart kann durch folgende Maßnahmen
erreicht werden:
- hohe Abgastemperaturen durch späte
  Zündwinkel und großen Gasmassenstrom,
- motornahe Katalysatoren,
- Erhöhung der Abgastemperatur durch
  thermische Nachbehandlung.

Die Auswahl und der Einsatz der Maßnahmen erfolgt je nach Zielmarkt und seinen
entsprechenden Abgasvorschriften.

Thermische Nachbehandlung
Die unverbrannten Kohlenwasserstoffe wer-
den im Abgastrakt durch thermische Nach-
behandlung gemindert, indem sie bei hohen
Temperaturen nachverbrennen. Bei fetter
Motorabstimmung ist dazu eine Lufteinbla-
sung (Sekundärlufteinblasung) erforderlich.
Bei magerer Motorabstimmung erfolgt die
Nachverbrennung durch den im Abgas vor-
handen Restsauerstoff.

Sekundärlufteinblasung
Durch Sekundärlufteinblasung wird nach
dem Startvorgang in der Warmlaufphase
(mit $\lambda < 1$) zusätzlich Luft in den Abgastrakt
eingebracht. Es kommt zur exothermen
Reaktion mit den unverbrannten Kohlenwasserstoffen, die die hohen HC-und CO-
Konzentrationen im Abgas reduzieren. Zusätzlich setzt dieser Oxidationsvorgang
Wärme frei, sodass das Abgas heißer wird
und den von ihm durchströmten Katalysator
rasch aufheizt.

Einspritzlage
Neben der korrekten Einspritzdauer ist der
Zeitpunkt der Einspritzung (die Einspritzlage) bezogen auf den Kurbelwellenwinkel ein
weiterer Parameter zur Optimierung der
Verbrauchs- und Abgaswerte. Für jeden einzelnen Zylinder wird zwischen vorgelagerter
und saugsynchroner Einspritzung differen-
ziert. Es handelt sich um eine vorgelagerte
Einspritzung, wenn das Einspritzende für
den betreffenden Zylinder zeitlich noch vor
dem Öffnen des Einlassventils liegt und ein
Großteil des Kraftstoffsprays auf den Kanal-

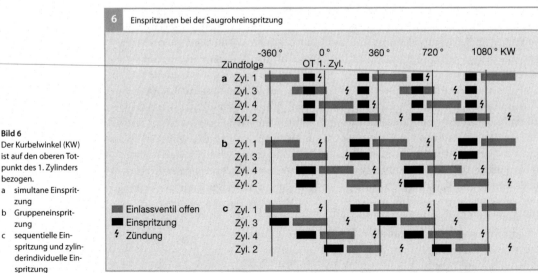

Bild 6
Der Kurbelwinkel (KW)
ist auf den oberen Tot-
punkt des 1. Zylinders
bezogen.
a simultane Einsprit-
  zung
b Gruppeneinsprit-
  zung
c sequentielle Ein-
  spritzung und zylin-
  derindividuelle Ein-
  spritzung

boden und die Einlassventile trifft. Im Gegensatz hierzu erfolgt die saugsynchrone Einspritzung bei geöffneten Einlassventilen.

Wird hingegen die Einspritzlage aller Zylinder zueinander betrachtet, so wird zwischen folgenden Einspritzlagen unterschieden (Bild 6):
- simultane Einspritzung,
- Gruppeneinspritzung,
- sequentielle Einspritzung,
- zylinderindividuelle Einspritzung.

Die Variationsmöglichkeiten sind hierbei von der verwendeten Einspritzlage abhängig. Heute kommt nahezu ausschließlich die sequentielle Einspritzung zum Einsatz. Nur im Kaltstart bei den ersten Verbrennungen wird vereinzelt noch die simultane Einspritzung oder die Gruppeneinspritzung angewandt.

Simultane Einspritzung

Bei der simultanen Einspritzung werden alle Einspritzventile zum gleichen Zeitpunkt betätigt. Die Zeit, die zum Verdunsten des Kraftstoffs zur Verfügung steht, ist für die Zylinder unterschiedlich. Um trotzdem eine gute Gemischbildung zu erreichen, wird die für die Verbrennung benötigte Kraftstoffmenge in zwei Hälften aufgeteilt und jeweils einmal pro Kurbelwellenumdrehung eingespritzt. Bei dieser Einspritzlage ist nicht für alle Zylinder eine vorgelagerte Einspritzung möglich. Teilweise muss in das offene Einlassventil eingespritzt werden, da der Einspritzbeginn fest vorgegeben ist. Nachteilig ist hier, dass die Gemischaufbereitung für die verschiedenen Zylinder sehr unterschiedlich ist.

Gruppeneinspritzung

Bei der Gruppeneinspritzung werden die Einspritzventile zu zwei Gruppen zusammengefasst. Die beiden Gruppen spritzen die gesamte Einspritzmenge im Wechsel einmal pro Kurbelwellenumdrehung ein. Diese Anordnung ermöglicht bereits eine betriebspunktabhängige Wahl des Einspritztimings und vermeidet in bestimmten Kennfeldbereichen die dort unerwünschte Einspritzung in den offenen Einlasskanal. Die Zeit, die für die Verdunstung des Kraftstoffs zur Verfügung steht, ist aber auch hier für die verschiedenen Zylinder unterschiedlich.

Sequentielle Einspritzung

Bei der sequentiellen Einspritzung (Sequential Fuel Injection SEFI) wird der Kraftstoff für jeden Zylinder einzeln eingespritzt. Die Einspritzventile werden nacheinander in der Zündfolge betätigt. Die Einspritzzeit und die Einspritzlage bezogen auf den oberen Totpunkt des jeweiligen Zylinders ist für alle Zylinder identisch. Damit ist die Gemischaufbereitung für jeden Zylinder identisch. Der Einspritzbeginn ist frei programmierbar und kann an den Motorbetriebszustand angepasst werden.

Zylinderindividuelle Einspritzung

Die zylinderindividuelle Einspritzung (Cylinder Individual Fuel Injection) bietet die größten Freiheitsgrade. Gegenüber der sequentiellen Einspritzung bietet sie den Vorteil, dass hier für jeden Zylinder die Einspritzzeit individuell beeinflusst werden kann. Damit können Ungleichmäßigkeiten z. B. bei der Zylinderfüllung ausgeglichen werden, was besonders für den Motorhochlauf im Kaltstart von großer Bedeutung für die Emissionsreduzierung ist. Der stöchiometrische Betrieb jedes Zylinders setzt hier eine zylinderspezifische Erfassung des Luftverhältnisses λ voraus. Dies bedingt eine Optimierung der Krümmergeometrie, um die Abgasdurchmischung der einzelnen Zylinder möglichst zu vermeiden.

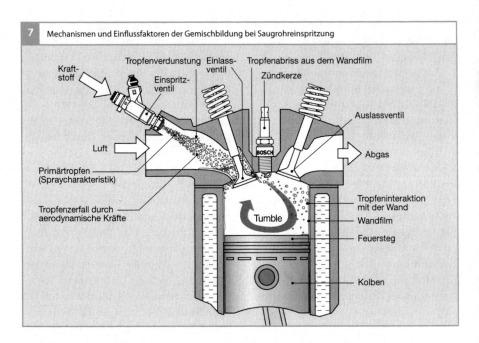

7 Mechanismen und Einflussfaktoren der Gemischbildung bei Saugrohreinspritzung

Gemischbildung

Die Gemischbildung beginnt mit der Kraftstoffeinspritzung in das Saugrohr und erstreckt sich über die Ansaugphase bis in die Kompressionsphase des jeweiligen Zylinders. Sie unterliegt vielen Forderungen wie z. B. der Bereitstellung eines zündfähigen Gemischs an der Zündkerze zum Zündzeitpunkt, einer guten Homogenisierung des Gemischs im Zylinder, einem guten dynamischen Verhalten im instationären Betrieb und geringen HC-Emissionen im Kaltstart.

Die Gemischbildung bei Saugrohreinspritzsystemen ist komplex (Bild 7). Sie erstreckt sich von der Charakteristik des primären Kraftstoffsprays über den Spraytransport im Saugrohr, den Sprayeintrag in den Brennraum bis zur Homogenisierung des Gemischs zum Zündzeitpunkt. Eine optimale Abstimmung dieser Bereiche führt letztlich zu einer guten Gemischaufbereitung. Sie unterscheidet sich teilweise für den kalten und den warmen Motorbetrieb und wird maßgeblich beeinflusst von:

- Motortemperatur,
- Primärtröpfchenspray,
- Einspritzlage,
- Spray-Targeting,
- Luftströmung.

Ziel ist es, zum Zündzeitpunkt des jeweiligen Zylinders ein homogenes Gemisch von Kraftstoffdampf und Luft im Brennraum vorliegen zu haben.

Primärtröpfchenspray

Als Primärtröpfchenspray bezeichnet man das Kraftstoffspray direkt nach dem Austritt aus dem Einspritzventil. Kleine Primärtröpfchen begünstigen tendenziell die Kraftstoffverdunstung. Allerdings ist hier zu berücksichtigen, dass bei kaltem Motor infolge niedriger Temperatur nur ein sehr geringer Anteil des eingespritzten Kraftstoffs im Saugrohr verdunstet. Der Großteil liegt als Wandfilm vor und wird in der Ansaugphase von der Luftströmung mitgerissen. Die eigentliche Gemischaufbereitung findet im Zylinder

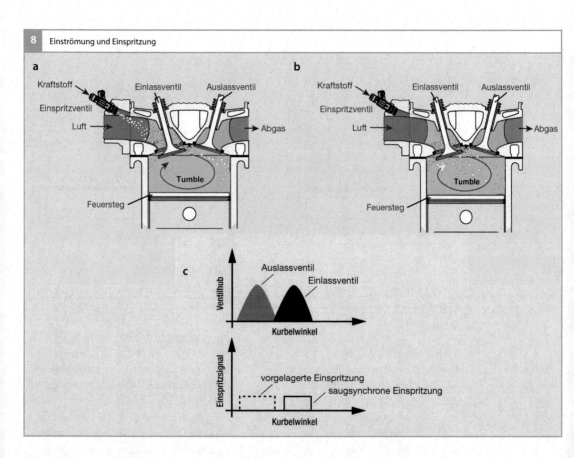

8   Einströmung und Einspritzung

a
Kraftstoff   Einlassventil   Auslassventil
Einspritzventil
Luft   → Abgas
Tumble
Feuersteg

b
Kraftstoff   Einlassventil   Auslassventil
Einspritzventil
Luft   → Abgas
Tumble
Feuersteg

c
Ventilhub
Auslassventil
Einlassventil
Kurbelwinkel

Einspritzsignal
vorgelagerte Einspritzung
saugsynchrone Einspritzung
Kurbelwinkel

statt. Bei warmem Motor hingegen verdunstet bereits im Saugrohr ein Großteil des eingespritzten Kraftstoffsprays sowie ein Teil des vorhandenen Wandfilms.

Einspritzlage
Die Einspritzlage hat vor allem bei kaltem Motor einen großen Einfluss auf die Gemischbildung und die HC-Rohemissionen.

Saugsynchrone Einspritzung
Bei saugsynchroner Einspritzung wird ein Teil des Kraftstoffs durch die Luftströmung an die gegenüberliegende Zylinderwand Richtung Auslassventile transportiert (Bild 8a). Dieser Kraftstofffilm (Wandfilm) verdunstet an den kalten Zylinderwänden

nicht, nimmt somit nicht an der Verbrennung teil und gelangt deshalb unverbrannt in den Auslasskanal. Dies führt zu erhöhten Rohemissionen. Die saugsynchrone Einspritzung wird heute im Kaltstart nur noch selten angewandt. Sie kommt im warmen Motorbetrieb an der Volllast zur Leistungssteigerung (zur Ladungskühlung und zur Klopfreduzierung) zum Einsatz. Neue Ansätze mit zwei Einspritzventilen je Zylinder bieten hier neue Freiheitsgrade. Da bei saugsynchroner Einspritzung die Kraftstoffverdunstung weitgehend im Brennraum stattfindet, kann die Frischluftfüllung gesteigert werden. Der Grund hierfür ist, dass die flüssigen Kraftstofftröpfchen im Saugrohr ein kleineres Volumen einnehmen als

Bild 8
a) Einströmung bei saugsynchroner Einspritzung
b) Einströmung bei vorgelagerter Einspritzung
c) Lage des Einspritzsignals

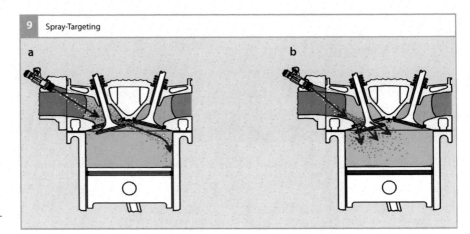

9 Spray-Targeting

a   b

Dampf. Außerdem wird durch die Kraftstoffverdampfung im Brennraum die Zylinderladung abgekühlt, was sich positiv auf die Klopfneigung des Motors auswirkt.

Vorgelagerte Einspritzung
Durch eine vorgelagerte Einspritzung (**Bild 8b**) ist im Kaltstart eine deutliche Reduzierung der Schadstoffemissionen erreichbar. Der Kraftstoffeintrag wird in Richtung Brennraummitte verschoben und die unerwünschte Wandfilmbildung an der auslassseitigen Zylinderwand wird vermieden.

Spray-Targeting
Zusätzlich zur vorgelagerten Einspritzung können in Kombination mit optimalem Spray-Targeting (Sprayausrichtung relativ zum Saugkanal und Brennraum, **Bild 9**) die HC-Emissionen im Kaltstart weiter verringert werden. Bei Ausrichtung des Sprays in Richtung Kanalboden (**Bild 9b**) wird das angesaugte Spray verstärkt in Richtung Brennraummitte transportiert. Dadurch wird die Kraftstoffbenetzung der auslassseitigen Zylinderwand weiter reduziert, was sich in niedrigeren HC-Emissionen in der Startphase zeigt. Zudem verringert sich die Gefahr einer zu starken Benetzung der Zündkerze

mit Kraftstoff. Die Benetzung des Kanalbodens führt andererseits aber auch zu einer verstärkten Wandfilmbildung im Saugrohr. Hierbei ist der Applikationsaufwand für den Instationärbetrieb (beim Lastwechsel) etwas aufwendiger. Grundsätzlich ist immer ein Kompromiss zwischen den Anforderungen des Kaltstarts und denen des Instationärbetriebs zu suchen.

Bei Motoren mit Saugrohreinspritzung ist es notwendig, bei Laständerungen die gespeicherte Wandfilmmasse im Saugrohr zu berücksichtigen. Bei einer sprunghaften Lasterhöhung wird mehr Wandfilm aufgebaut. Es würde ein unerwünschter Luftüberschuss entstehen, falls bei der Berechnung der notwendigen Einspritzmenge die gespeicherte Wandfilmmenge und ihr verzögerter Eintrag in den Brennraum nicht berücksichtigt würde. Hierfür sind im Motorsteuergerät Wandfilm-Kompensationsfunktionen integriert, die bei der Applikation auf die jeweilige Motorgeometrie und das Spray-Targeting bedatet werden müssen, um weitgehend einen Betrieb bei $\lambda = 1$ auch im instationären Betriebszustand zu gewährleisten.

Luftströmung

Die Luftströmung wird maßgeblich durch die Motordrehzahl, die geometrische Gestaltung des Einlasskanals sowie durch die Öffnungszeiten und die Erhebungskurve der Einlassventile beeinflusst. Teilweise sind Ladungsbewegungsklappen im Einsatz, um zusätzlich auf die Strömungsrichtung (Tumble, Drall) betriebspunktabhängig Einfluss zu nehmen. Ziel ist es, die notwendige Luft in der zur Verfügung stehenden Zeit in den Brennraum zu bekommen und eine gute Homogenisierung des Luft-Kraftstoff-Gemischs im Brennraum bis zum Zündzeitpunkt zu erzielen.

Eine starke Zylinderinnenströmung begünstigt eine gute Homogenisierung und ermöglicht eine Erhöhung der AGR-Verträglichkeit (Abgasrückführrate), wodurch eine Verbrauchs- und NO_x-Reduzierung erzielt werden kann. Eine starke Zylinderinnenströmung verringert jedoch bei Volllast die Füllung, was eine Absenkung des maximalen Drehmoments und der maximalen Leistung zur Folge hat. Daher werden überwiegend variable Klappen eingesetzt, um eine hohe Ladungsbewegung in der Teillast und eine minimale Drosselung in der Volllast zu kombinieren (Bild 11, Pos. 8).

Sekundäre Gemischaufbereitung

Zusätzlich unterstützt die Luftströmung auch die Kraftstoffaufbereitung (durch sekundäre Gemischaufbereitung). Besteht zum Zeitpunkt des Öffnens der Einlassventile (EÖ) ein Differenzdruck zwischen Saugrohr und Brennraum, werden durch die entstehende Strömung die Kraftstoffaufbereitung und der Transport beeinflusst. Ist der Saugrohrdruck beim Öffnen des Einlassventils wesentlich größer als der Brennraumdruck, so werden das Luft-Kraftstoff-Gemisch und der Wandfilm im Ventilspalt beschleunigt in den Brennraum gesaugt.

Ist der Saugrohrdruck beim Öffnen der Einlassventile kleiner als im Brennraum, dann strömt warmes Abgas aus der vorhergehenden Verbrennung zurück in das Saugrohr. Hier wird zum einen die Aufbereitung des Wandfilms und der Kraftstofftröpfchen durch die Rückströmung begünstigt, zum anderen unterstützt das warme Abgas zusätzlich die Verdunstung. Dieser Vorgang ist besonders beim Kaltstart in der Warmlauf- und in der Katalysator-Heizphase wichtig.

Benzin-Direkteinspritzung

Einleitung

Die Benzin-Direkteinspritzung ermöglicht eine effektive Weiterentwicklung von Ottomotoren hinsichtlich Verbrauch und Abgas, bei der auch die Fahrdynamik und der Fahrkomfort nicht zu kurz kommen muss. Sie ist der Schlüssel für effektives Downsizing von Ottomotoren und ermöglicht Verbrauchseinsparungen bis zu 20 %. Durch die Synergie von Benzin-Direkteinspritzung, Abgasturboaufladung und einer variablen Nockenwellensteuerung können Drehmomente und Motorleistungen realisiert werden, die bislang nur größeren Motorhubräumen und -zylinderzahlen vorbehalten waren.

Für den Fahrer äußert sich dies z. B. im hochdynamischen Ansprechverhalten des Fahrzeugs bei Geschwindigkeitsänderungen, was im heutigen Straßenverkehr einen Komfort- und einen Sicherheitsaspekt darstellt. Überdies lässt die Benzin-Direkteinspitzung eine Gesamtoptimierung des Antriebs zu, um kostengünstige Abgasnachbehandlungskonzepte für künftige Emissionsgrenzen, wie z. B. EU6 in Europa und SULEV in USA, darzustellen.

Übersicht

Die Forderung nach leistungsfähigen Ottomotoren bei gleichzeitig niedrigem Kraftstoffverbrauch und niedrigen Emissionen führte zur Wiederentdeckung der Benzin-Direkteinspritzung. Gegenüber Saugrohr-Einspritzsystemen bietet die Benzin-Direkteinspritzung zusätzliche Freiheitsgrade aufgrund der inneren Gemischbildung. Sie bietet die Grundlage moderner und leistungsfähiger Brennverfahren wie z. B. des Schichtmagerbetriebs oder der homogenen Kompressionszündung (HCCI). Bei Turbomotoren mit stöchiometrischer Verbrennung ergeben sich Vorteile im Drehmoment im unteren Drehzahlbereich durch eine erhöhte Überschneidung der Ladungswechselventile und durch die geringere Klopfneigung aufgrund der Verdampfung des Kraftstoffs im Brennraum.

Das Prinzip ist nicht neu. Bereits 1937 kam ein Flugzeugmotor mit einer mechanischen Benzin-Direkteinspritzung zum Einsatz. 1951 wurde ein Zweitakt-Motor mit einer mechanischen Benzin-Direkteinspritzung erstmals serienmäßig in einem Pkw, dem Gutbrod, eingebaut. 1954 folgte der Mercedes 300 SL mit einem Viertakt-Motor und Direkteinspritzung.

Die Konstruktion eines direkteinspritzenden Motors war für die damalige Zeit sehr aufwendig. Zudem stellte diese Technik hohe Anforderungen an die benötigten Werkstoffe. Die Dauerhaltbarkeit des Motors war ein weiteres Problem. All diese Probleme verhinderten über eine lange Zeit den Durchbruch der Benzin-Direkteinspritzung.

Arbeitsweise

Benzin-Direkteinspritzsysteme sind durch eine Hochdruckeinspritzung direkt in den Brennraum gekennzeichnet (Bild 10). Das Luft-Kraftstoff-Gemisch entsteht wie beim Dieselmotor innerhalb des Brennraums (durch innere Gemischbildung). Das Kraftstoffsystem besteht aus Elektrokraftstoffpumpe, Hochdruckpumpe, Rail, Hochdrucksensor und den Einspritzventilen (Bild 11).

Hochdruckerzeugung

Die Elektrokraftstoffpumpe (Bild 11, Pos. 10) fördert den Kraftstoff mit dem Vorförderdruck von 3...5 bar zur Hochdruckpumpe (11). Diese erzeugt abhängig vom Betriebspunkt (gefordertes Drehmoment und Drehzahl) den Systemdruck. Der unter Hochdruck stehende Kraftstoff gelangt in das Rail (12) und wird dort gespeichert. Der

Kraftstoffdruck wird mit dem Hochdrucksensor (13) gemessen und über das in der
Hochdruckpumpe integrierte Mengensteuerventil auf Werte zwischen 50 und 200 bar
eingestellt. Am Rail, auch als „Common
Rail" bezeichnet, sind die Hochdruck-Einspritzventile (14) angeordnet. Sie werden
vom Motorsteuergerät angesteuert und spritzen den Kraftstoff in den Brennraum des
Zylinders ein. Die Komponenten der Bosch-
Benzin-Direkteinspritzung sind aus Edel-
stahl gefertigt und somit robust im Einsatz
mit unterschiedlichen Kraftstoffen. Die Medienverträglichkeit besteht für alle gängigen
Kraftstoffe, E85 (85 % Ethanol und 15 %
Benzin) und M15 (15 % Methanol und 85 %
Benzin). Weitere Kraftstoffe können in Abstimmung mit dem Fahrzeughersteller freigegeben werden.

Brennverfahren und Betriebsarten
Brennverfahren
Als Brennverfahren wird die Art und Weise
bezeichnet, wie das Gemisch im Brennraum
gebildet und die Energie durch die Verbrennung freigesetzt wird. Hierbei werden die
Abläufe durch viele Parameter beeinflusst.
Wesentliche Parameter sind die Geometrie
des Brennraums, die Brennraumströmung
und die Ausrichtung des Kraftstoffsprays,
aber auch die steuerbaren Größen wie der
Einspritz- und der Zündungszeitpunkt. Die
Optimierung all dieser Parameter ist die
Grundvoraussetzung für ein robust ablau-
fendes Brennverfahren mit rascher und vollständiger Verbrennung und geringen Emissionen.

Die Kraftstoffverteilung im Brennraum
wird stark durch die Einbaulage des Einspritzventils beeinflusst. Heute haben sich
bei den üblichen Vierventilmotoren die
beiden Einbaulagen seitlich und zentral etabliert. Bei seitlicher Einbaulage wird der

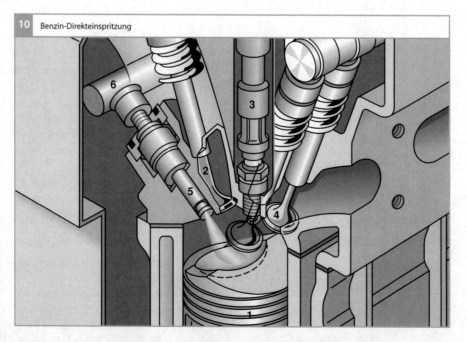

10 Benzin-Direkteinspritzung

Bild 10
1 Kolben
2 Einlassventil
3 Zündkerze mit auf-
  gesteckter Zünd-
  spule
4 Auslassventil
5 Hochdruck-Ein-
  spritzventil
6 Kraftstoffverteiler-
  rohr (Rail)

11   Strukturbild eines Ottomotors mit Benzin-Direkteinspritzung einschließlich Komponenten für die Steuerung und Regelung

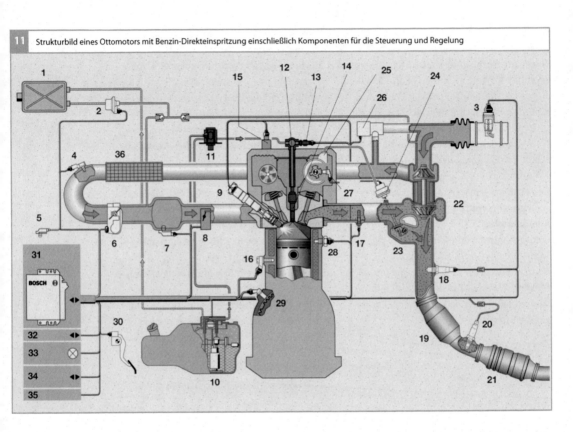

Bild 11

1 Aktivkohlebehälter
2 Tankentlüftungsventil
3 Heißfilm-Luftmassenmesser
4 kombinierter Ladedruck- und Ansauglufttemperatursensor
5 Umgebungsdrucksensor
6 Drosselvorrichtung (EGAS)
7 Saugrohrdrucksensor
8 Ladungsbewegungsklappe
9 Zündspule mit Zündkerze
10 Kraftstofffördermodul mit Elektrokraftstoffpumpe
11 Hochdruckpumpe
12 Kraftstoff-Verteilerrohr
13 Hochdrucksensor
14 Hochdruck-Einspritzventil
15 Nockenwellenversteller
16 Klopfsensor
17 Abgastemperatursensor
18 λ-Sonde

19 Vorkatalysator
20 λ-Sonde
21 Hauptkatalysator
22 Abgasturbolader
23 Waste-Gate
24 Waste-Gate-Steller
25 Vakuumpumpe
26 Schub-Umluftventil
27 Nockenwellenphasensensor
28 Motortemperatursensor
29 Drehzahlsensor
30 Fahrpedalmodul
31 Motorsteuergerät
32 CAN-Schnittstelle
33 Motorkontrollleuchte
34 Diagnoseschnittstelle
35 Schnittstelle zur Wegfahrsperre
36 Ladeluftkühler

Injektor unterhalb des Einlasskanals positioniert (**Bild 12a**) . Der Kraftstoff wird zwischen den Einlassventilen in den Brennraum eingespritzt. Ein wesentlicher Vorteil dieser Einbaulage ist die relativ einfache Anpassung eines Zylinderkopfes einer bestehenden Saugrohreinspritzung, was den Umstieg auf die Direkteinspritzung für die Motorenhersteller deutlich erleichtert.

Bei zentraler Einbaulage haben sich in Serienmotoren zwei Positionierungsmöglichkeiten durchgesetzt, der longitudinale und der transversale Einbau (**Bild 12b, c**). Beim longitudinalen Einbau liegen Zündkerze und Injektor im Zylinderdach zwischen den Ein- und Auslassventilen. Dadurch kann eine bessere Zylinderkopfkühlung erreicht werden. Es bleibt auch ein größerer Freiraum für die Einlass- und Auslasskanäle. Bei der

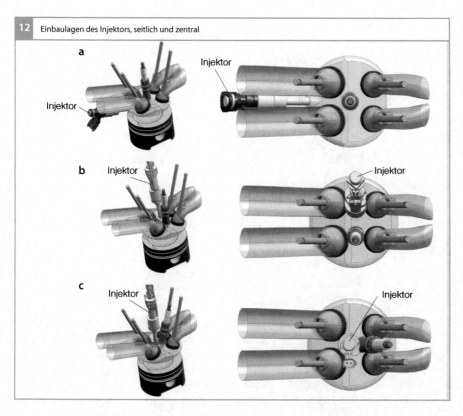

12 Einbaulagen des Injektors, seitlich und zentral

a

Injektor

Injektor

b

Injektor

Injektor

c

Injektor

Injektor

Bild 12
a seitlicher Einbau
b zentral longitudinal
c zentral transversal

transversalen Einbaulage liegt der Injektor zwischen den Einlassventilen, die Zündkerze zwischen den Auslassventilen. Bei dieser Positionierung bleibt die Injektorspitze vergleichsweise kühl. Die Robustheit gegen Ablagerungen an der Injektorspitze wird dadurch verbessert. Die zentrale Einbaulage erlaubt zudem, das volle Potential der Verbrauchsreduzierung durch Kraftstoffschichtung zu nutzen. Heutige Schichtbrennverfahren verwenden hierzu die transversale Einbaulage.

Ein Brennverfahren besteht oft aus mehreren verschiedenen Betriebsarten, auf die betriebspunktabhängig umgeschaltet wird. Prinzipiell teilen sich die Brennverfahren in zwei Klassen auf: in Homogen- und Schichtbrennverfahren.

Homogenbrennverfahren
Beim Homogenbrennverfahren wird in der Regel im gesamten Motorkennfeld ein im Mittel stöchiometrisches Gemisch im Brennraum gebildet (Bild 13). Das bedeutet, dass immer eine Luftzahl von $\lambda = 1$ vorliegt. Damit wird wie bei der Saugrohreinspritzung die Abgasnachbehandlung durch einen Drei-Wege-Katalysator ermöglicht. Dieses Brennverfahren wird in Verbindung mit einer Aufladung häufig beim Downsizing (Reduzierung des Hubraums bei gleichzeitiger Effizienzsteigerung) angewandt, um den Kraftstoffverbrauch zu senken.

Das Homogenbrennverfahren wird immer im Homogenmodus betrieben, allerdings kann es auch hier Sonderbetriebsarten geben, die motorindividuell unterschiedlich

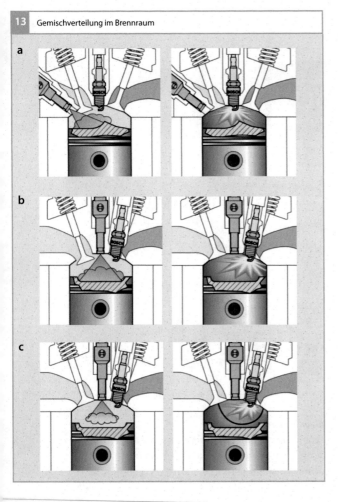

13   Gemischverteilung im Brennraum

a

b

c

Bild 13
a seitliche Einbaulage
des Einspritzventils:
homogene Gemisch-
bildung und Ver-
brennung
b zentrale Einbaulage
des Einspritzventils:
homogene Gemisch-
bildung und Ver-
brennung
c zentrale Einbaulage
des Einspritzventils:
geschichtete Ge-
mischbildung und
Verbrennung, die
blaue Linie markiert
die Gemischwolke

zündfähiges Gemisch vorhanden. Gemittelt über den gesamten Brennraum liegt eine Luftzahl $\lambda > 1$ vor. Dadurch kann in größeren Bereichen ungedrosselt gefahren werden, was aufgrund der reduzierten Ladungswechselverluste und der wegen der erhöhten Verdünnung reduzierten mittleren Gastemperatur, und damit günstigen Stoffwerten der Zylinderladung im Brennraum, zu einer Erhöhung des Wirkungsgrads führt. Das Schichtbrennverfahren ist ein mageres Verbrauchskonzept mit hohen Potentialen für den Ottomotor.

Heute wird in Neufahrzeugen aufgrund der hohen Kosten für das Abgassystem nur noch das Schichtkonzept mit dem größten Verbrauchspotential, das strahlgeführte Brennverfahren, eingesetzt.

Wand- und luftgeführtes Brennverfahren
Beim wand- und luftgeführten Brennverfahren sitzt der Injektor in seitlicher Einbaulage (**Bild 14a-c**). Der Gemischtransport erfolgt über die Kolbenmulde, die (im Falle der Wandführung) entweder direkt mit dem Kraftstoff interagiert oder die Luftströmung im Brennraum so führt, dass (im Falle der Luftführung) der Kraftstoff auf einem Luftpolster zur Zündkerze geleitet wird. Reale geschichtete Brennverfahren mit seitlichem Injektoreinbau vereinen meist beides, abhängig vom Einbauwinkel der Injektoren, der eingespritzten Kraftstoffmenge und der Ladungsbewegung im Brennraum. Wand- und luftgeführte Schichtbrennverfahren werden seit ca. 2005 aus Kosten-Nutzen-Gründen in Serienmotoren nicht mehr umgesetzt.

zu bestimmten Einsatzzwecken genutzt werden.

Schichtbrennverfahren
Beim Schichtbrennverfahren wird in einem bestimmten Kennfeldbereich (kleine Last, kleine Drehzahl) der Kraftstoff erst im Verdichtungstakt in den Brennraum eingespritzt und ggf. als Schichtwolke zur Zündkerze transportiert (Bild 13c). Die Wolke ist dabei im idealen Fall von reiner Frischluft umgeben. Somit ist nur in der lokalen Wolke ein

Strahlgeführtes Brennverfahren
Das strahlgeführte Brennverfahren verwendet die zentrale Einbaulage. Die Zündkerze ist injektornah im Brennraumdach eingebaut (**Bild 14d**). Der Vorteil dieser Anordnung ist die Möglichkeit der direkten Strahlführung des Kraftstoffstrahls zur Zündkerze ohne Umwege über Kolben oder Luftströmungen. Nachteilig ist allerdings die kurze Zeit, die zur Gemischaufbereitung zur Verfügung steht. Strahlgeführte Schichtbrennverfahren benötigen daher einen Kraftstoffdruck von ca. 200 bar und eine hohe Gemischgüte. Dies wird beim Injektor für strahlgeführte Brennverfahren durch eine außenöffnende Düse mit Lamellenzerfall erreicht.

Das strahlgeführte Brennverfahren erfordert eine exakte Positionierung von Zündkerze und Einspritzventil sowie eine präzise Strahlausrichtung, um das Gemisch zum richtigen Zeitpunkt entzünden zu können. Die Wärmewechselbelastung der Zündkerze ist dabei sehr hoch, da die heiße Zündkerze unter Umständen vom relativ kalten Einspritzstrahl direkt benetzt wird. Bei guter Auslegung des Systems weist das strahlgeführte Brennverfahren einen höheren Wirkungsgrad auf als die anderen geschichteten Brennverfahren, sodass hier gegenüber dem Schichtbetrieb mit wand- und luftgeführten Brennverfahren eine noch höhere Verbrauchsersparnis erreicht werden kann. Außerhalb des Schichtbetriebbereichs wird auch beim Schichtbrennverfahren der Motor im Homogenmodus betrieben.

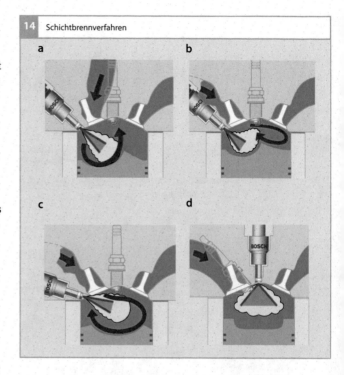

14 Schichtbrennverfahren

a

b

c

d

Bild 14
a–c   wand- und luft-
       geführte Brenn-
       verfahren
a, b   Gemischtransport
       über die Kolben-
       mulde
d   strahlgeführtes
       Brennverfahren

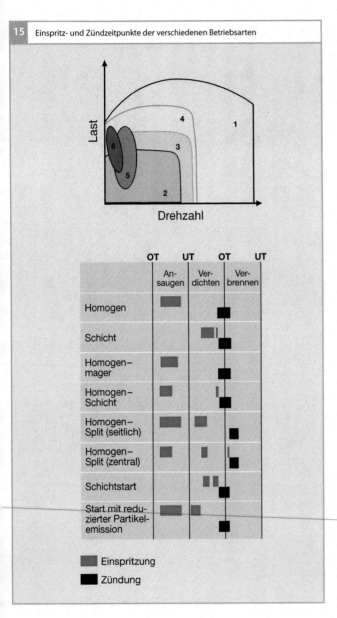

15 Einspritz- und Zündzeitpunkte der verschiedenen Betriebsarten

Bild 15
1 Homogen
2 Schichtbetrieb
3 Homogen-Mager
4 Homogen-Schicht
5 Homogen-Split (zum
  Katalysator-Heizen)
6 Schichtstart und
  Start mit reduzierter
  Partikelemission

Betriebsarten
Im Folgenden sollen die unterschiedlichen
Betriebsarten, die bei der Benzin-Direkteinspritzung eingesetzt werden, aufgeführt werden. Je nach Betriebspunkt des Motors wird
die geeignete Betriebsart von der Motorsteuerung eingestellt (**Bild 15**).

Homogen
Im Homogenmodus wird die eingespritzte
Kraftstoffmenge genau im stöchiometrischen
Verhältnis ($\lambda = 1$), z. B. bei Super-Benzin
14,7:1, der Frischluft zugemessen. Dabei
wird der Kraftstoff im Ansaughub einge-
spritzt, damit genügend Zeit verbleibt, um
das gesamte Gemisch zu homogenisieren.
Zum Bauteilschutz des Katalysators oder zur
Leistungssteigerung an der Volllast wird in
Teilen des Betriebskennfelds auch mit leichtem Kraftstoffüberschuss gefahren ($\lambda < 1$).
Die Betriebsart „Homogen" ist bei einer hohen Drehmomentanforderung notwendig,
da sie den gesamten Brennraum ausnutzt.
Wegen des stöchiometrisch vorliegenden
Luft-Kraftstoff-Gemischs ist in dieser Betriebsart auch die Rohemission von Schadstoffen niedrig, die zudem vom Drei-Wege-
Katalysator vollständig konvertiert werden
kann. Beim Homogenbetrieb entspricht die
Verbrennung weitgehend der Verbrennung
bei der Saugrohreinspritzung.

Schichtbetrieb
Beim Schichtbetrieb wird der Kraftstoff erst
im Verdichtungstakt eingespritzt. Der Kraftstoff soll dabei nur mit einem Teil der Luft
aufbereitet werden. Es entsteht eine Schichtwolke, die idealerweise von reiner Frischluft
umgeben ist. Das Einspritzende ist im
Schichtbetrieb sehr wichtig. Die Schichtwolke muss zum Zündzeitpunkt nicht nur
ausreichend homogenisiert, sondern auch an
der Zündkerze positioniert sein. Da im
Schichtbetrieb nur lokal ein stöchiometri-

sches Gemisch vorliegt, ist das Gemisch durch die umhüllende Frischluft im Mittel mager. Hierbei ist eine aufwendigere Abgasnachbehandlung notwendig, da der Dreiwegekatalysator im Magerbetrieb keine NO_x-Emissionen reduzieren kann.

Der Schichtbetrieb kann nur in vorgegebenen Grenzen betrieben werden, da sich zu höheren Lasten die Ruß- oder die NO_x-Emissionen deutlich erhöhen und der Verbrauchsvorteil gegenüber dem Homogenbetrieb schwindet. Bei kleineren Lasten ist der Schichtbetrieb durch niedrige Abgasenthalpien begrenzt, weil die Abgastemperaturen so gering werden, dass der Katalysator allein durch das Abgas nicht auf Betriebstemperatur gehalten werden kann. Der Drehzahlbereich ist beim Schichtbetrieb bis ungefähr $n = 3500$ min^{-1} begrenzt, da oberhalb dieser Schwelle die zur Verfügung stehende Zeit nicht mehr ausreicht, um die Schichtwolke zu homogenisieren.

Die Schichtwolke magert in der Randzone zur umgebenden Luft ab. Bei der Verbrennung entstehen daher in dieser Zone erhöhte NO_x-Rohemissionen. Abhilfe schafft bei dieser Betriebsart eine hohe Abgasrückführrate. Die rückgeführten Abgase reduzieren die Verbrennungstemperatur und senken dadurch die temperaturabhängigen NO_x-Emissionen.

Homogen-Mager
In einem Übergangsbereich zwischen Schicht- und Homogenbetrieb kann der Motor mit Schichtbrennverfahren mit homogenem mageren Gemisch betrieben werden ($\lambda > 1$). Im Homogen-Mager-Betrieb ist der Kraftstoffverbrauch gegenüber dem Homogenbetrieb mit $\lambda = 1$ geringer, da die Ladungswechselverluste durch die Entdrosselung geringer werden. Zu beachten sind aber die erhöhten NO_x-Emissionen, da der Dreiwegekatalysator in diesem Bereich diese

Emissionen nicht reduzieren kann. Zusätzliche NO_x-Emissionen bedeuten wiederum Wirkungsgradverluste durch die Regenerierungsphasen eines hier notwendigen NO_x-Speicherkatalysators.

Homogen-Schicht
Im Homogen-Schicht-Betrieb ist der gesamte Brennraum mit einem homogen-mageren Grundgemisch gefüllt. Dieses Gemisch entsteht durch Einspritzung einer Grundmenge an Kraftstoff in den Ansaugtakt. Eine zweite Einspritzung erfolgt im Kompressionstakt. Dadurch entsteht eine fettere Zone im Bereich der Zündkerze. Diese Schichtladung ist leichter entflammbar und kann mit der Flamme – ähnlich einer Fackelzündung – das homogen-magere Gemisch im übrigen Brennraum sicher entzünden.

Der Aufteilungsfaktor zwischen den beiden Einspritzungen beträgt ungefähr 75 %. Das bedeutet, 75 % des Kraftstoffs werden bei der ersten Einspritzung, die für das homogene Grundgemisch sorgt, eingespritzt. Ein stationärer Homogen-Schicht-Betrieb bei niedrigen Drehzahlen im Übergangsbereich zwischen Schicht- und Homogenbetrieb reduziert die Rußemission gegenüber dem Schichtbetrieb und verringert den Kraftstoffverbrauch gegenüber dem Homogenbetrieb.

Homogen-Split
Der Homogen-Split-Modus ist eine spezielle Anwendung der Homogen-Schicht-Doppeleinspritzung. Er wird bei allen Motoren mit Benzindirekteinspritzung zum raschen Aufheizen des Katalysators nach dem Kaltstart eingesetzt. Durch die stabilisierend wirkende zweite Einspritzung im frühen Kompressionstakt bei seitlicher Einbaulage oder direkt vor der Zündung bei zentraler Einbaulage kann die Zündung extrem spät (bei einem Kurbelwinkel von 15 ... 30 ° nach ZOT) er-

folgen. Ein großer Anteil der Verbrennungs-
energie wird dann nicht mehr in eine Dreh-
momentensteigerung eingehen, sondern
erhöht die Abgasenthalpie. Durch diesen hohen Abgaswärmestrom ist der Katalysator
schon wenige Sekunden nach dem Start ein-
satzbereit.

Schichtstart
Beim Schichtstart wird die Starteinspritz-
menge im Kompressionshub und unter erhöhtem Kraftstoffdruck eingespritzt, anstatt
konventionell im Ansaughub bei Vordruck
eingespritzt zu werden. Der Vorteil dieser
Einspritzstrategie beruht darauf, dass in bereits komprimierte und damit erwärmte
Luft eingespritzt wird. Dadurch verdunstet
prozentual mehr Kraftstoff als bei kalten
Umgebungsbedingungen, bei denen sonst
ein deutlich größerer Anteil des eingespritzten Kraftstoffs als flüssiger Wandfilm
im Brennraum verbleibt und nicht an der
Verbrennung teilnimmt. Die einzuspritzende Kraftstoffmenge kann daher beim
Schicht-Start deutlich verringert werden.
Dies führt zu stark reduzierten HC-Emissionen beim Start. Da zum Startzeitpunkt der
Katalysator noch nicht wirken kann, ist dies
eine wichtige Betriebsart für die Entwicklung von Niedrigemissionskonzepten. Zusätzlich bewirkt diese Schichteinspritzung
eine deutlich stabilere Startverbrennung,
was wiederum die Startrobustheit erhöht.
Um eine Aufbereitung in der kurzen, zur
Verfügung stehenden Zeit zu ermöglichen,
wird der Schichtstart mit einem Kraftstoffdruck von ca. 50 bar durchgeführt. Dieser
Druck kann von der Hochdruckpumpe bereits durch die Umdrehungen des Starters
zur Verfügung gestellt werden.

Start mit reduzierter Partikelemission
Aufgrund der erhöhten Anforderungen der
EU6-Emissionsgesetze zur Senkung der
Partikelemission werden heute im Start Ein-
spritzstrategien mit reduzierter Partikelemission verwendet. So wird meist eine Mehrfacheinspritzung mit einer Ersteinspritzung
in der Saugphase angewandt. Ein zweiter
Anteil wird in die frühe Kompressionsphase
eingespritzt, wodurch sehr inhomogene
Schichtwolken vermieden werden. Partikel
werden nur in lokalen Gemischbereichen
erzeugt, in denen eine Luftzahl $\lambda < 0,5$ besteht.

Gemischbildung, Zündung und Entflammung
Aufgabe der Gemischbildung ist die Bereitstellung eines möglichst homogenen, brennfähigen Luft-Kraftstoff-Gemischs zum Zeitpunkt der Zündung.

Anforderungen
In der Betriebsart Homogen (Homogen mit
$\lambda \leq 1$ und auch Homogen-Mager mit $\lambda > 1$)
soll das Gemisch im gesamten Brennraum
homogen sein. Im Schichtbetrieb hingegen
ist das Gemisch nur innerhalb eines räum-
lich begrenzten Bereichs teilweise homogen,
während sich im restlichen Brennraum
Frischluft oder Inertgas befindet. Homogen
kann eine Gas-Mischung oder eine Gas-
Kraftstoffdampf-Mischung nur dann sein,
wenn der gesamte Kraftstoff verdunstet ist.
Einfluss auf die Verdunstung haben viele
Faktoren, vor allem
● die Temperatur im Brennraum,
● die Brennraumströmung,
● die Tropfengröße des Kraftstoffs,
● die Zeit, die zur Verdunstung zur Verfügung steht.

Einflussgrößen

Brennfähig ist ein Gemisch mit Ottokraftstoff mit λ im Bereich von 0,6 bis 1,6; abhängig von Temperatur, Druck und Brennraumgeometrie des Motors.

Temperatureinfluss

Die Temperatur beeinflusst maßgeblich die
Verdunstung des Kraftstoffs. Bei tieferen
Temperaturen verdunstet er nicht vollständig. Deshalb muss unter diesen Bedingungen mehr Kraftstoff eingespritzt werden, um
ein brennfähiges Gemisch zu erhalten.

Druckeinfluss

Die Tropfengröße des eingespritzten Kraftstoffs ist abhängig vom Einspritzdruck und
vom Druck im Brennraum. Mit steigendem
Einspritzdruck können kleinere Tropfen-
größen erzielt werden, die schneller verdunsten.

Geometrieeinfluss

Bei gleichem Brennraumdruck und steigendem Einspritzdruck erhöht sich die Ein-
dringtiefe, d. h. die Weglänge, die der einzelne Tropfen zurücklegt, bis er vollständig
verdunstet ist. Ist dieser zurückgelegte Weg
länger als der Abstand vom Einspritzventil
zur Brennraumwand, wird die Zylinderwand oder der Kolben benetzt. Verdunstet
der so entstehende Wandfilm nicht recht-
zeitig bis zur Zündung, nimmt er nicht
oder nur unvollständig an der Verbrennung
teil und erzeugt HC- und Partikelemis-
sionen. Wandfilme sind bei homogenen
Brennverfahren die Hauptquelle der Par-
tikelemissionen. Die Geometrie des Motors
(bezüglich Einlasskanal und Brennraum) ist
auch verantwortlich für die Luftströmung
und die Turbulenz im Brennraum, die wesentliche Faktoren für den Einfluss auf die
Brenngeschwindigkeit sind.

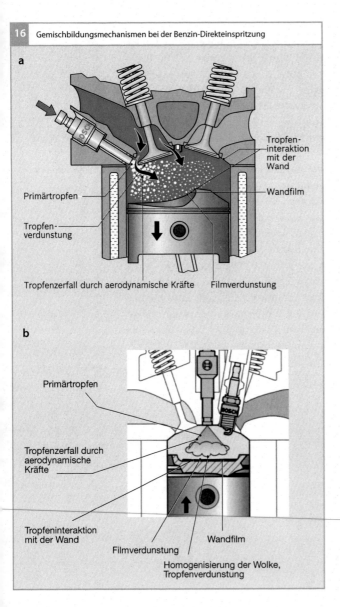

16   Gemischbildungsmechanismen bei der Benzin-Direkteinspritzung

a

Tropfen-
interaktion
mit der
Wand

Primärtropfen

Wandfilm

Tropfen-
verdunstung

Tropfenzerfall durch aerodynamische Kräfte   Filmverdunstung

b

Primärtropfen

Tropfenzerfall durch
aerodynamische
Kräfte

Tropfeninteraktion
mit der Wand   Wandfilm
                Filmverdunstung
                Homogenisierung der Wolke,
                Tropfenverdunstung

Bild 16
a   Homogenbetrieb
b   Schichtbetrieb

Gemischbildung und Verbrennung
im Homogenbetrieb
Um eine lange Zeit für die Gemischbildung
zu erhalten, sollte der Kraftstoff frühzeitig
eingespritzt werden. Deshalb wird im Homogenbetrieb bereits im Ansaugtakt eingespritzt und mithilfe der einströmenden Luft
eine schnelle Verdunstung des Kraftstoffs
und eine gute Homogenisierung des Gemischs erreicht (**Bild 16a**). Die Aufbereitung
wird vor allem durch hohe Strömungsge-
schwindigkeiten und deren aerodynamische
Kräfte im Bereich des öffnenden und schließenden Einlassventils unterstützt. Bei aufgeladenen Motoren wird eine starke Tumbleströmung verwendet, die zum einen das fein
aufbereitete Kraftstoffspray von der Wand
fernhält, und zum anderen durch die starke
Durchmischung des Kraftstoffgemisches die
Verdunstung und Homogenisierung fördert.
Zusätzlich erzeugt zum Zeitpunkt der Entflammung der Zerfall der Tumbleströmung
in Turbulenz einen raschen Durchbrand. Die
Zündungs- und Entflammungsbedingungen
homogener Gemische bei der Benzin-Direkteinspritzung entsprechen weitgehend
denen bei der Saugrohreinspritzung.

Gemischbildung und Verbrennung im
Schichtbetrieb
Für den Schichtbetrieb ist die Ausbildung
der brennfähigen Gemischwolke, die sich
zum Zündzeitpunkt im Bereich der Zündkerze befindet, entscheidend. Dazu wird
beim strahlgeführten Brennverfahren der
Kraftstoff während der Verdichtungsphase
so eingespritzt, dass eine kompakte Gemischwolke entsteht (**Bild 16b**). Diese wird
durch den Sprayimpuls zur Zündkerze getragen. Der Einspritzzeitpunkt ist von der
Drehzahl und vom geforderten Drehmoment abhängig. Bei höheren Lasten im
Schichtbetrieb wird auch eine Mehrfachein-

17 Schichtbetrieb mit strahlgeführtem Brennverfahren: Kopplung der Entflammung und Verbrennung an das Einspritzende

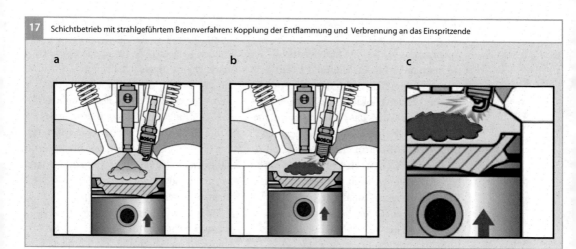

a   b   c

spritzung zur Homogenisierung der Gemischwolke eingesetzt. Die dadurch in die Gemischwolke zusätzlich eingetragene Luft ermöglicht auch eine Anpassung der Luftzahl im Gemisch auf stöchiometrische Verhältnisse.

Für eine robuste Entflammung ist das exakte Zusammenspiel zwischen Einspritzende und Zündung wichtig. Während der Einspritzung des Gemischs ist die Strömungsgeschwindigkeit der an der Zündkerze vorbeifliegenden Gemischwolke, aber auch die Kühlung des verdunstenden Kraftstoffes zu hoch für eine Entflammung (Bild 17a). Erst zum Abschluss der Einspritzung bestehen für eine sehr kurze Zeit ideale Bedingungen. In der danach folgenden Schleppe aus Brennraumluft magert das Gemisch rasch ab. In diese Schicht am Ende der Einspritzung wird der Zündfunke eingesaugt und bildet einen Flammkern aus. Dieser folgt der sich ausbreitenden Gemischwolke und brennt sie rasch ab. Damit ist der Zeitpunkt des Verbrennungsbeginns, und somit auch die Schwerpunktlage der Verbrennung, fest an das Spritzende gebunden. Der ausgebildete Zündfunke

steht dagegen wesentlich länger zur Verfügung. Dieser Mechanismus der Entflammung unterscheidet sich deutlich von dem der homogenen Verbrennung, und muss auch im Motormanagement bei der Regelung der Einspritzparameter berücksichtigt werden.

Entscheidend für eine sichere Zündung und Entflammung sind unter anderem:
● die Qualität der Gemischaufbereitung,
● eine genaue Mengendosierung auch bei kleinen Einspritzmengen (Mehrfacheinspritzung),
● eine möglichst große Zündfunkenbrenndauer,
● die richtige Zuordnung von Funkenort und Kraftstoffspray,
● eine relativ genaue Einhaltung des Abstandes vom Spray zum Zündort,
● Unveränderlichkeit des Sprays gegenüber dem Brennraumdruck,
● konstante Sprayform über die gesamte Lebensdauer des Motors.

Bild 17
a   Einspritzung
b   Einspritzende
c   vergrößerter Ausschnitt aus b

Zündung

Der Ottomotor ist ein Verbrennungsmotor mit Fremdzündung. Die Zündung hat die Aufgabe, das verdichtete Luft-Kraftstoff-Gemisch im richtigen Zeitpunkt zu entflammen. Eine sichere Zündung ist Voraussetzung für den einwandfreien Betrieb des Motors. Dazu muss das Zündsystem auf die Anforderungen des Motors ausgelegt sein. Unter den zahlreichen unterschiedlichen Lösungsansätzen für ein Zündsystem haben sich bisher weltweit nur zwei Zündsysteme in größerem Umfang verbreitet. Das sind einerseits die Magnetzündung und andererseits die Batteriezündung. Beiden gemeinsam ist die Erzeugung eines elektrischen Funkens zwischen den Elektroden einer Zündkerze im Brennraum zur Entflammung des Luft-Kraftstoff-Gemisches.

Magnetzündung

In den Anfangszeiten des Automobils stand mit dem Niederspannungsmagnetzünder von Bosch eine erste für damalige Verhältnisse zuverlässige Zündanlage zur Verfügung. Der Funke (Abreißfunke) entstand, indem ein Stromfluss durch Abreißkontakte im Brennraum unterbrochen wurde. Aus der Niederspannungsmagnetzündung mit Abreißgestänge wurde schließlich die Hochspannungsmagnetzündung entwickelt, die auch für Motoren mit höheren Drehzahlen geeignet war. Gleichzeitig mit der Hochspannungsmagnetzündung wurde 1902 auch die Zündkerze eingeführt, die die mechanisch gesteuerten Abreißkontakte ersetzte.

Das Prinzip des Hochspannungsmagnetzünders wird bis heute verwendet. Bei den Magnetzündern neuerer Bauart unterscheidet man Ausführungen mit feststehendem Magnet und umlaufendem Anker und Ausführungen mit feststehendem Anker und

umlaufendem Magnet. In beiden Fällen wird Bewegungsenergie durch magnetische Induktion in elektrische Energie in einer Primärwicklung umgesetzt, die durch eine Sekundärwicklung in eine hohe Spannung transformiert wird. Im Zündzeitpunkt wird der Zündfunke durch Unterbrechung des Stroms in der Primärwicklung ausgelöst. Für den Einsatz bei Motoren mit mehreren Zylindern kann ein mechanischer Zündverteiler mit umlaufendem Verteilerfinger in den Magnetzünder integriert werden.

Da ein Magnetzünder keine Spannungsversorgung benötigt, wird er überall dort eingesetzt, wo überhaupt kein Bordnetz vorhanden ist oder kein belastbares Bordnetz zur Verfügung steht. Bei Arbeitsgeräten wie z. B. Rasenmäher oder Kettensäge und bei Zweirädern werden Magnetzünder oft in Verbindung mit einer kapazitiven Zwischenspeicherung der Zündenergie eingesetzt.

Batteriezündung

Mit der Elektrifizierung des Kraftfahrzeugs (für Licht und Starter) stand schon früh eine Spannungsversorgung zur Verfügung. Dies führte zur Entwicklung der kostengünstigen Spulenzündung (SZ) mit einer Batterie als Spannungsquelle und einer Zündspule als Energiespeicher. Der Spulenstrom wurde über einen Unterbrecherkontakt mit festem Schließwinkel geschaltet, weshalb der Spulenstrom mit steigender Drehzahl stetig sank. Die Zündwinkel wurden über der Drehzahl mit einem Fliehkraftsteller und über der Last mit einer Unterdruckdose verstellt. Die Verteilung der Hochspannung von der Zündspule zu den einzelnen Zylindern erfolgte mechanisch durch einen Zündverteiler.

Transistorzündung

Im Laufe der Weiterentwicklung wurde zunächst der Spulenstrom durch einen Leistungstransistor geschaltet. Damit wurden Zündauslegungen mit höheren Strömen und höheren Energien möglich. Der Unterbrecherkontakt diente dabei als Steuerelement für ein Zündschaltgerät und wurde nur noch mit dem niedrigen Steuerstrom belastet. Dadurch wurden der Kontaktabbrand und die damit einhergehenden Zündzeitpunktverschiebungen reduziert. In weiteren Entwicklungsschritten wurde der Unterbrecherkontakt durch Hall- oder Induktionsgeber ersetzt. Das Zündschaltgerät der Transistorzündung (TZ) enthielt bereits einfache analog gesteuerte Funktionalitäten wie eine Primärstrombegrenzung und eine Schließwinkelregelung, wodurch der Nennwert des Primärstroms in einem weiten Drehzahlbereich eingehalten werden konnte.

Elektronische Zündung

Den nächsten Entwicklungsschritt bildete die elektronische Zündung (EZ), bei der die Zündwinkel über Drehzahl und Last in einem Kennfeld eines Zündsteuergeräts gespeichert waren. Neben der besseren Reproduzierbarkeit der Zündwinkel war es auch möglich, weitere Eingangsgrößen wie z.B. die Motortemperatur für die Zündwinkelbestimmung zu berücksichtigen. Nach und nach wurde die Zündauslösung mit Hallgebern im Zündverteiler durch Auslösesysteme an der Kurbelwelle abgelöst, was durch den Entfall des Antriebsspiels der Zündverteiler zu einer höheren Zündwinkelgenauigkeit führte.

Vollelektronische Zündung

Im letzten Entwicklungsschritt der eigenständigen Zündsteuergeräte ist mit der vollelektronischen Zündung (VZ) auch noch der mechanische Zündverteiler entfallen. Bei der verteilerlosen Zündung sind Systeme mit einer Zündspule pro Zylinder am häufigsten verbreitet. Unter bestimmten Randbedingungen können auch Systeme mit jeweils einer Zweifunkenzündspule für ein Zylinderpaar eingesetzt werden. Seit 1998 werden nur noch Motorsteuerungen eingesetzt, die eine vollelektronische Zündung beinhalten.

Tabelle 1 zeigt die Entwicklung der induktiven Zündsysteme. Dabei werden mechanische Funktionen sukzessive durch elektrische und elektronische Funktionen ersetzt.

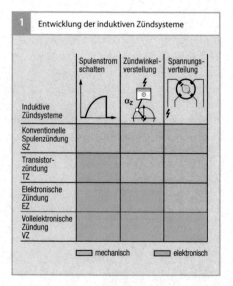

1 Entwicklung der induktiven Zündsysteme

Tab. 1

Induktive Zündanlage

Die Zündung des Luft-Kraftstoff-Gemischs im Ottomotor erfolgt bei der Spulenzündung durch einen Funken zwischen den Elektroden einer Zündkerze. Die in dem Funken umgesetzte Energie der Zündspule entzündet ein kleines Volumen des verdichteten Luft-Kraftstoff-Gemischs. Die von diesem Flammkern ausgehende Flammenfront bewirkt die Entflammung des Luft-Kraftstoff-Gemisches im gesamten Brennraum. Die induktive Zündanlage erzeugt für jeden Arbeitstakt die für den Funkenüberschlag notwendige Hochspannung und die für die Entflammung notwendige Brenndauer des Funkens.

Aufbau

Eine typische verteilerlose Spulenzündung hat für jeden Zylinder einen eigenen Zündkreis (Bild 1). Die wichtigsten Komponenten sind:

- Zündspule
  Die Zündspule ist die zentrale Komponente der induktiven Zündung. Sie besteht aus einer Primärwicklung mit einer niedrigen Windungszahl und einer Sekundärwicklung mit einer hohen Windungszahl. Das Verhältnis der Windungszahlen von Sekundärwicklung und Primärwicklung bezeichnet man als Übersetzungsverhältnis. Beide Wicklungen sind über einen gemeinsamen Magnetkreis miteinander gekoppelt. Die Zündspule erzeugt die Zündhochspannung und liefert die Energie für die Brenndauer des Funkens an der Zündkerze.
- Zündungsendstufe
  Die Zündungsendstufe steuert die Zündspule und hat die Hauptfunktion eines elektrischen Leistungsschalters. Zusammen mit der Primärwicklung der Zündspule und der Batterie bildet sie den Primärkreis der Spulenzündung. Die Zündungsendstufe ist entweder im Motorsteuergerät oder in der Zündspule integriert.
- Zündkerze
  Die Zündkerze ist die physikalische Schnittstelle zwischen Brennraum und Umgebung. Zusammen mit der Sekundärwicklung der Zündspule bildet sie den Sekundärkreis der Zündanlage. Die Zündkerze setzt die Energie der Zündspule in einer Funkenentladung im Brennraum um.

Die notwendigen Verbindungs- und Entstörmittel werden an dieser Stelle als gegeben vorausgesetzt und nicht gesondert betrachtet.

Aufgabe und Arbeitsweise

Aufgabe der Zündung ist die Einleitung der Verbrennung des verdichteten Luft-Kraftstoff-Gemischs im Brennraum mit einem Funken. Zur Erzeugung eines Funkens wird zunächst elektrische Energie aus dem Bordnetz in der Zündspule zwischengespeichert. In einem nächsten Schritt wird die Energie im Zündzeitpunkt auf die Sekundärkapazität

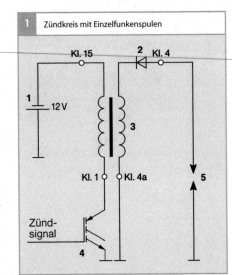

1   Zündkreis mit Einzelfunkenspulen

Kl. 15   2   Kl. 4

1   12 V

3

Kl. 1   Kl. 4a   5

Zündsignal

4

Bild 1
1   Batterie
2   Diode zur Unterdrückung der Einschaltspannung
3   Zündspule mit Eisenkern, Primär- und Sekundärwicklung
4   Zündungsendstufe (alternativ im Steuergerät oder in der Zündspule integriert
5   Zündkerze
Kl. 1, Kl. 4, Kl. 4a, Kl. 15 Klemmenbezeichnungen

C_2 (Bild 2) umgeladen. Die dabei entstehende Hochspannung löst den Funkenüberschlag an der Zündkerze aus. Anschließend wird die noch verbleibende Energie während der Brenndauer des Funkens entladen.

Energiespeicherung

Sobald die Zündungsendstufe einschaltet, wird der Primärkreis geschlossen und der Primärstrom beginnt zu fließen. Dabei wird in der Primärwicklung ein Magnetfeld aufgebaut, in dem Energie gespeichert wird. Die Höhe der gespeicherten Energie wird von der Primärinduktivität L_1 und der Höhe des Primärstroms i_1 entsprechend

$$E_1 = \frac{1}{2} L_1 i_1^{\,2}$$

bestimmt. Die Primärinduktivität hängt von der Windungszahl der Primärwicklung ab. Durch einen Eisenkreis zur Führung des magnetischen Flusses wird die wirksame Induktivität erhöht. Der Eisenkreis wird für einen bestimmten Primärstrom, den Nennstrom dimensioniert. Bei höheren Strömen steigt die gespeicherte Energie durch die magnetische Sättigung des Eisenkreises nur noch geringfügig. Daher sollte der Nennwert des Primärstroms möglichst nicht überschritten werden. Die Dauer, während der die Endstufe eingeschaltet ist und der Primärstrom fließt, nennt man Schließzeit.

Schließzeit und Primärstrom

Neben der Auslegung der Zündspule hat die Versorgungsspannung einen großen Einfluss auf den Primärstromverlauf (Bild 3). Um auch bei wechselnder Versorgungsspannung einerseits ausreichend Zündenergie bereitzustellen und andererseits die Zündungskomponenten nicht zu überlasten, muss die Batteriespannung bei der Bestimmung der Schließzeit berücksichtigt werden. Bei einem Batteriespannungsbereich von 6–16 V sind alle vorkommenden Fälle vom Kaltstart mit

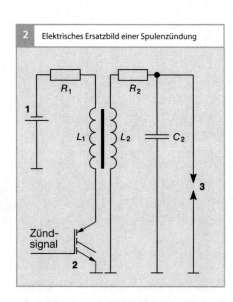

2   Elektrisches Ersatzbild einer Spulenzündung

Bild 2
1 Batterie
2 Zündungsendstufe
3 Zündkerze
R_1 Widerstand der Primärseite (Spule und Kabel)
L_1 Primärinduktivität der Zündspule
R_2 Widerstand der Sekundärseite (Spule und Kabel)
L_2 Sekundärinduktivität der Zündspule
C_2 Kapazität der Sekundärseite (Zündspule, Kabel, Zündkerze)

geschwächter Batterie bis hin zur Starthilfe mit externer Versorgung abgedeckt. Ziel der Schließzeitbestimmung ist die Einhaltung des Nennstroms. Dies ist bei niedrigen Batteriespannungen dann nicht sichergestellt, wenn der maximal mögliche Strom durch den Gesamtwiderstand des Primärkreises unterhalb des Nennstroms begrenzt wird. In diesem Fall nimmt man für die Schließzeit einen sinnvollen Ersatzwert, z. B. die Ladezeit, bei der 90 % bis 95 % des Stromendwerts erreicht werden. Die Zündanlage muss so ausgelegt sein, dass die Funktion auch bei reduzierter Batteriespannung gewährleistet ist und ein Kaltstart erfolgen kann.

Da die Widerstände der Zuleitungen in der gleichen Größenordnung liegen wie der Widerstand der Primärwicklung, sollte bei den Zuleitungen auf ausreichende Querschnitte geachtet werden, um unnötige Leistungsverluste zu vermeiden. Ebenso ist darauf zu achten, dass die Zuleitungen zu den einzelnen Zylindern nur geringe Unterschiede bezüglich Länge und Widerstand aufweisen.

Bei Einsatztemperaturen der Zündspulen zwischen –30 °C und über 100 °C verändern

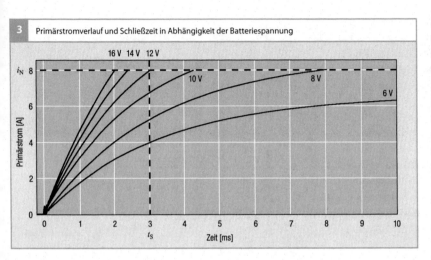

3   Primärstromverlauf und Schließzeit in Abhängigkeit der Batteriespannung

Bild 3
i_N Nennstrom
t_S Schließzeit

sich die Spulenwiderstände durch den Temperaturgang der Kupferwicklungen so stark, dass die Auswirkungen auf den Primärstrom berücksichtigt werden sollten. Da die Spulentemperatur nicht direkt verfügbar ist, kann mit Ersatzgrößen wie Kühlmittel- oder Öltemperatur zumindest bei betriebswarmem Motor und betriebswarmer Zündspule eine sinnvolle Korrektur der Schließzeit erreicht werden.

Durch den Betrieb erwärmen sich Zündspule und Zündungsendstufe, die Verlustleistung steigt mit der Drehzahl. Bei hohen Drehzahlen und besonders bei gleichzeitig hohen Umgebungstemperaturen kann es notwendig werden, die Primärströme zum Schutz der Zündungskomponenten durch eine kürzere Schließzeit zu begrenzen.

Erzeugung der Hochspannung
Das durch den Primärstrom erzeugte Magnetfeld in der Primärwicklung verursacht einen magnetischen Fluss, der bis auf einen kleinen Anteil, den Streufluss, im Magnetkreis der Zündspule geführt wird. Im Zündzeitpunkt wird der Strom durch die Primärwicklung unterbrochen, was eine rasche Flussänderung zur Folge hat. Da Primär- und Sekundärwicklung über den gemeinsamen

Magnetkreis miteinander gekoppelt sind, wird in beiden Wicklungen eine Spannung induziert. Die Höhe der Spannungen hängt nach dem Induktionsgesetz von der Windungszahl und der Änderungsgeschwindigkeit des magnetischen Flusses ab. In der Sekundärwicklung mit der hohen Windungszahl entsteht so die hohe Sekundärspannung. Solange kein Funkenüberschlag erfolgt, steigt die Hochspannung mit einer Anstiegsrate von ca. 1 kV/μs bis auf die Leerlaufspannung der Zündspule an, um dann stark gedämpft auszuschwingen (Bild 4).

Die maximale Sekundärspannung wird im Labor ohne Zündkerze an einer definierten kapazitiven Last gemessen und als Hochspannungs- oder Sekundärspannungsangebot bezeichnet. Die Lastkapazität entspricht dabei der Belastung durch die Zündkerze und der Hochspannungsverbindung zur Zündkerze.

Zündspannung
Die Hochspannung, bei der der Funke an den Elektroden der Zündkerze durchbricht, wird als Zündspannung bezeichnet. Die Zündspannung hängt einerseits von der Zündkerze insbesondere vom Elektrodenabstand ab, andererseits von den Bedingungen im Brennraum, insbesondere von der Luft-Kraftstoff-Gemischdichte zum Zündzeitpunkt. Die maximale Zündspannung über alle Betriebspunkte bezeichnet man als Zündspannungsbedarf des Motors. Abhängig vom Elektrodenabstand, dem Verschleißzustand der Zündkerzenelektroden sowie vom Brennverfahren können Zündspannungen bis deutlich über 30 kV auftreten.

Einschaltspannung

Bereits beim Einschalten des Primärstroms
wird in der Sekundärwicklung eine unerwünschte Spannung von 1–2 kV induziert,
deren Polarität der Zündspannung entgegen-
gerichtet ist. Der Einschaltzeitpunkt liegt abhängig von der Motordrehzahl und der Ladezeit der Zündspule deutlich vor dem
Zündzeitpunkt. Ein Funkenüberschlag an
der Zündkerze muss vermieden werden.
Dies kann z. B. mit einer Diode im Sekundärkreis der Zündanlage erreicht werden.
Eine solche Diode heißt Diode zur Ein-
schaltfunkenunterdrückung oder EFU-
Diode.

Funkenentladung

Sobald die Zündspannung U_z an der Zündkerze überschritten wird, entsteht der Zündfunke (Bild 5). Die nachfolgende Funkenentladung kann in drei Phasen eingeteilt
werden, den Durchbruch, die Bogenphase
und die Glimmphase [2]. Die ersten beiden
Phasen sind Entladungen sehr kurzer Dauer
mit hohen Strömen, die aus den Entladungen der Kapazitäten C_2 (Bild 2) von Zündkerze und Zündkreis resultieren und einen
Teil der Spulenenergie umsetzen. In der anschließenden Glimmphase wird die noch
verbleibende Energie während der Funkendauer t_F umgesetzt (Bild 5). Der Funkenstrom beginnt dabei mit dem Anfangsfunkenstrom i_F und fällt dann stetig. An den
Elektroden der Zündkerze liegt während der
Glimmphase die Brennspannung U_F an. Sie
liegt im Bereich von wenigen hundert Volt
bis deutlich über 1 kV. Die Brennspannung
hängt von der Länge des Funkenplasmas ab
und wird wesentlich vom Elektrodenabstand
der Zündkerze und der Auslenkung des
Funkens durch Luft-Kraftstoff-Gemischbewegung bestimmt. Unterhalb eines bestimmten Funkenstroms erlischt der Funke
und die Spannung an der Zündkerze
schwingt gedämpft aus.

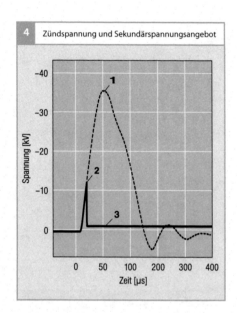

4 Zündspannung und Sekundärspannungsangebot

Bild 4
1 Sekundärspan-
   nungsangebot (bei
   einem Aussetzer)
2 Zündspannung (für
   einen Funken)
3 Brennspannung

Funkenenergie

Als Funkenenergie wird üblicherweise die
Energie der Glimmentladung bezeichnet. Sie
ist das Integral aus dem Produkt von Brennspannung und Funkenstrom über der Funkendauer. Vereinfacht kann der Zusammenhang nach **Bild 5** durch

$$E_F = \frac{1}{2} U_F i_F t_F$$

beschrieben werden. Bei genauerer Betrach-
tung gilt die zuvor beschriebene Bestimmung der Funkenenergie aber nur für sehr
niedrige Zündspannungen [1].

Energiebilanz

Bei höheren Zündspannungen können die
zuvor beschriebenen kapazitiven Entladungen (Durchbruch- und Bogenphase) nicht
mehr vernachlässigt werden. Die notwendige Energie zum Aufladen der Kapazitäten
auf der Sekundärseite steigt quadratisch mit
der Zündspannung entsprechend (siehe
auch **Bild 2**)

$$E_Z = \frac{1}{2} C_2 U_Z^2.$$

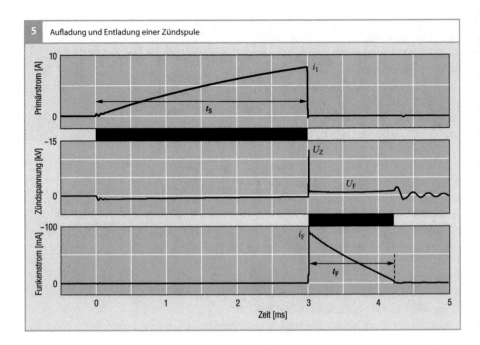

5   Aufladung und Entladung einer Zündspule

Bild 5
i_1 Abschaltstrom
t_S Schließzeit
U_Z Zündspannung
U_F Brennspannung
i_F Funkenanfangs-
     strom
t_F Funkendauer

Im Funkenüberschlag wird diese Energie als kapazitive Entladung im sogenannten Funkenkopf freigesetzt. Zusammen mit der Energie der induktiven Nachentladung erhält man die gesamte auf der Hochspannungsseite umgesetzten Energie. Stellt man die beiden Energieanteile über der Zündspannung dar, sieht man, dass der Energieanteil der kapazitiven Entladung mit steigender Zündspannung steigt und der Energieanteil der induktiven Nachentladung fällt. Die induktive Nachentladung erfolgt während der Funkendauer t_F durch den Funkenstrom im Sekundärkreis, der mit einem Anfangsfunkenstrom i_F beginnt und dann stetig sinkt. Mit geringer werdendem Energieanteil der induktiven Nachentladung sinken sowohl der Anfangsfunkenstrom als auch die Funkendauer. Wenn man von der induktiven Nachentladung die ohmschen Verluste abzieht, erhält man die Energie der Glimmentladung (**Bild 6**).

Energieverluste
Nach dem Funkenüberschlag wird ein Teil der verbleibenden Energie der induktiven Nachentladung in den Widerständen des Sekundärkreises der Zündanlage in Wärme umgesetzt. Die größten Verluste treten bei niedrigen Zündspannungen und damit hohen Anfangsfunkenströmen und langen Funkendauern auf (**Bild 6**).

Bereits vor dem Funkenüberschlag können Nebenschlusswiderstände den Aufbau der Hochspannung behindern. Nebenschlüsse können durch Verschmutzung und Feuchte der Hochspannungsverbindungen, vor allem aber durch leitfähige Ablagerungen und Ruß an der Isolatorspitze der Zündkerze im Brennraum verursacht werden. Die Höhe der Nebenschlussverluste steigt mit dem Zündspannungsbedarf. Je höher die an der Zündkerze anliegende Spannung, desto größer sind die über die Nebenschlusswiderstände abfließenden Ströme.

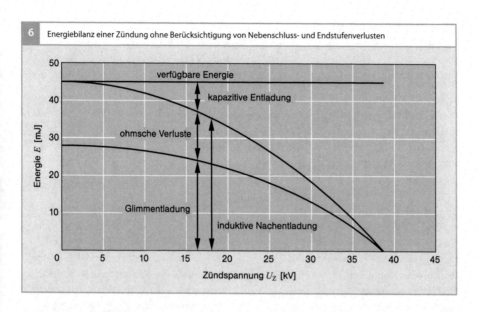

6   Energiebilanz einer Zündung ohne Berücksichtigung von Nebenschluss- und Endstufenverlusten

Luft-Kraftstoff-Gemischentflammung und
Zündenergiebedarf
Zum Zündzeitpunkt entsteht der Funke an
der Zündkerze. Der Zündzeitpunkt wird von
der Motorsteuerung in Abhängigkeit von
dem Brennverfahren, der Betriebsart und
dem Betriebspunkt angefordert und an dieser Stelle nicht weiter vertieft.

Der elektrische Funke entflammt das Luft-
Kraftstoff-Gemisch zwischen den Elektroden
der Zündkerze durch ein Hochtemperatur-
plasma. Der entstehende Flammkern entwickelt sich bei zündfähigen Luft-Kraftstoff-
Gemischen an der Zündkerze, und bei
ausreichender Energiezufuhr durch die
Zündanlage zu einer sich selbstständig ausbreitenden Flammenfront. Größere Funken-
längen begünstigen die Flammkernbildung.
Durch einen größeren Elektrodenabstand
oder eine Auslenkung des Funkens durch
Luft-Kraftstoff-Gemischbewegung erhöht
sich aber auch der Zündenergiebedarf. Bei zu
starker Auslenkung kann ein Funkenabriss
erfolgen und ein Nachzünden notwendig
sein. In solchen Fällen bietet eine induktive
Zündanlage den Systemvorteil, dass ein

Nachzünden ohne zusätzlichen Steuerungs-
eingriff automatisch erfolgt, solange ausreichend Energie im Zündsystem gespeichert
ist.

Die gesamte Energie muss den maximalen
Zündspannungsbedarf decken, die notwendige Funkendauer bei hoher Zündspannung
bereitstellen und gegebenenfalls eine Anzahl
an Folgefunken zünden. Einfache Motoren
mit Saugrohreinspritzung benötigen Zünd-
energien zwischen 30 und 50 mJ, aufgeladene Motoren bis deutlich über 100 mJ.

Literatur

[1] Deutsches Institut für Normung e. V., Berlin
1997. DIN/ISO 6518-2, Zündanlagen, Teil 2:
Prüfung der elektrischen Leistungsfähigkeit.
[2] Maly, R., Herden, W., Saggau, B., Wagner, E.,
Vogel, M., Bauer, G., Bloss, W. H.: Die drei
Phasen einer elektrischen Zündung und ihre
Auswirkungen auf die Entflammungseinlei-
tung. 5. Statusseminar „Kraftfahrzeug- und
Straßenverkehrstechnik" des BMFT, 27.–29.
Sept. 1977, Bad Alexandersbad.

Abgasnachbehandlung

Abgasemissionen und Schadstoffe

In den vergangenen Jahren konnte der Schadstoffausstoß der Kraftfahrzeuge durch technische Maßnahmen drastisch gesenkt werden. Dabei wurden sowohl die Rohemissionen durch innermotorische Maßnahmen und intelligente Motorsteuerungskonzepte als auch die in die Umwelt emittierten Emissionen durch verbesserte Abgasnachbehandlungssysteme signifikant reduziert.

Bild 1 zeigt die Abnahme der jährlichen Emissionen des Straßenverkehrs in Deutschland zwischen 1999 (100 %) und 2009 sowie die Abnahme des durchschnittlichen Kraftstoffverbrauchs eines Pkw und die des gesamten im Personen-Straßenverkehr verbrauchten Kraftstoffs. Zum einen trägt hierzu die Einführung verschärfter Emissionsgesetzgebungen in Europa 2000 (Euro 3) und 2005 (Euro 4) bei, zum anderen aber auch der Trend zu sparsameren Fahrzeugen. Der Anteil des Straßenverkehrs an den insgesamt von Industrie, Verkehr, Haushalten und Kraftwerken verursachten Emissionen ist unterschiedlich und beträgt 2009 nach Angaben des Umweltbundesamtes

- 41 % für Stickoxide,
- 37 % Kohlenmonoxid,
- 18 % für Kohlendioxid,
- 9 % für flüchtige Kohlenwasserstoffe ohne Methan.

Verbrennung des Luft-Kraftstoff-Gemischs

Bei einer vollständigen, idealen Verbrennung reinen Kraftstoffs mit genügend Sauerstoff würde nur Wasserdampf (H_2O) und Kohlendioxid (CO_2) entstehen. Wegen der nicht idealen Verbrennungsbedingungen im Brennraum (z. B. nicht verdampfte Kraftstoff-Tröpfchen) und aufgrund der weiteren Bestandteile des Kraftstoffs (z. B. Schwefel) entstehen bei der Verbrennung neben Wasser und Kohlendioxid zum Teil auch toxische Nebenprodukte.

Durch Optimierung der Verbrennung und Verbesserung der Kraftstoffqualität wird die Bildung der Nebenprodukte immer weiter verringert. Die Menge des entstehenden CO_2 hingegen ist auch unter Idealbedingungen nur abhängig vom Kohlenstoffgehalt des Kraftstoffs und kann deshalb nicht durch die Verbrennungsführung beeinflusst werden. Die CO_2-Emissionen sind proportional zum

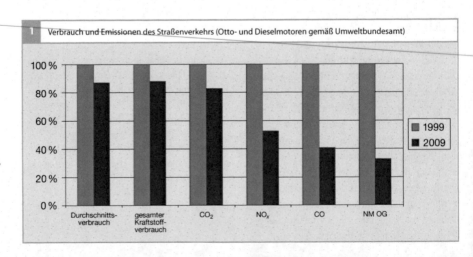

1 Verbrauch und Emissionen des Straßenverkehrs (Otto- und Dieselmotoren gemäß Umweltbundesamt)

Bild 1
Der Durchschnittsverbrauch ist auf die gesamte Strecke bezogen, der gesamte Kraftstoffverbrauch betrifft den kompletten Personen-Straßenverkehr.
NMOG flüchtige Kohlenwasserstoffe ohne Methan

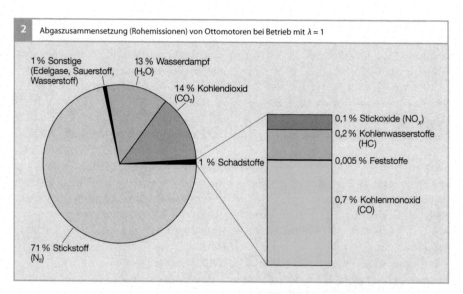

2   Abgaszusammensetzung (Rohemissionen) von Ottomotoren bei Betrieb mit $\lambda = 1$

1 % Sonstige (Edelgase, Sauerstoff, Wasserstoff)

13 % Wasserdampf (H_2O)

14 % Kohlendioxid (CO_2)

1 % Schadstoffe

71 % Stickstoff (N_2)

0,1 % Stickoxide (NO_x)

0,2 % Kohlenwasserstoffe (HC)

0,005 % Feststoffe

0,7 % Kohlenmonoxid (CO)

Bild 2
Angaben in Volumenprozent

Die Konzentrationen der Abgasbestandteile, insbesondere der Schadstoffe, können abweichen; sie hängen u. a. von den Betriebsbedingungen des Motors und den Umgebungsbedingungen (z. B. Luftfeuchtigkeit) ab.

Kraftstoffverbrauch und können daher nur durch einen verringerten Kraftstoffverbrauch oder durch den Einsatz kohlenstoffärmerer Kraftstoffe, wie z. B. Erdgas (CNG, Compressed Natural Gas), gesenkt werden.

Hauptbestandteile des Abgases
Wasser
Der im Kraftstoff enthaltene chemisch gebundene Wasserstoff verbrennt mit Luftsauerstoff zu Wasserdampf (H_2O), der beim Abkühlen zum größten Teil kondensiert. Er ist an kalten Tagen als Dampfwolke am Auspuff sichtbar. Sein Anteil am Abgas beträgt ungefähr 13 %.

Kohlendioxid
Der im Kraftstoff enthaltene chemisch gebundene Kohlenstoff bildet bei der Verbrennung Kohlenstoffdioxid (CO_2) mit einem Anteil von ca. 14 % im Abgas (für typische Benzinkraftstoffe). Kohlenstoffdioxid wird meist einfach als Kohlendioxid bezeichnet.

Kohlendioxid ist ein farbloses, geruchloses, ungiftiges Gas und ist als natürlicher Bestandteil der Luft in der Atmosphäre vorhanden. Es wird in Bezug auf die Abgas-

emissionen bei Kraftfahrzeugen nicht als Schadstoff eingestuft. Es ist jedoch ein Mitverursacher des Treibhauseffekts und der damit zusammenhängenden globalen Klimaveränderung. Der CO_2-Gehalt in der Atmosphäre ist seit der Industrialisierung um rund 30 % auf heute ca. 400 ppm gestiegen. Die Reduzierung der CO_2-Emissionen auch durch Verringerung des Kraftstoffverbrauchs wird deshalb immer dringlicher.

Stickstoff
Stickstoff (N_2) ist mit einem Anteil von 78 % der Hauptbestandteil der Luft. Er ist am chemischen Verbrennungsprozess nahezu unbeteiligt und stellt mit ca. 71 % den größten Anteil des Abgases dar.

Schadstoffe
Bei der Verbrennung des Luft-Kraftstoff-Gemischs entsteht eine Reihe von Nebenbestandteilen. Der Anteil dieser Stoffe beträgt im Rohabgas (Abgas nach der Verbrennung, vor der Abgasnachbehandlung) bei betriebswarmem Motor und stöchiometrischer Luft-Kraftstoff-Gemischzusammensetzung ($\lambda = 1$) rund 1 % der gesamten Abgasmenge.

Die wichtigsten Nebenbestandteile sind
- Kohlenmonoxid (CO),
- Kohlenwasserstoffe (HC),
- Stickoxide (NO_x).

Betriebswarme Katalysatoren können diese Schadstoffe zu mehr als 99 % in unschädliche Stoffe (CO_2, H_2O, N_2) konvertieren.

Kohlenmonoxid
Kohlenmonoxid (CO) entsteht bei unvollständiger Verbrennung eines fetten Luft-Kraftstoff-Gemischs infolge von Luftmangel. Aber auch bei Betrieb mit Luftüberschuss entsteht Kohlenmonoxid – jedoch nur in sehr geringem Maß – aufgrund von fetten Zonen im inhomogenen Luft-Kraftstoff-Gemisch. Nicht verdampfte Kraftstofftröpfchen bilden lokal fette Bereiche, die nicht vollständig verbrennen.

Kohlenmonoxid ist ein farb- und geruchloses Gas. Es verringert beim Menschen die Sauerstoffaufnahmefähigkeit des Bluts und führt daher zur Vergiftung des Körpers.

Kohlenwasserstoffe
Unter Kohlenwasserstoffen (HC, Hydrocarbon) versteht man chemische Verbindungen von Kohlenstoff (C) und Wasserstoff (H). Die HC-Emissionen sind auf eine unvollständige Verbrennung des Luft-Kraftstoff-Gemischs bei Sauerstoffmangel zurückzuführen. Bei der Verbrennung können aber auch neue Kohlenwasserstoffverbindungen entstehen, die im Kraftstoff ursprünglich nicht vorhanden waren (z. B. durch Aufbrechen von langen Molekülketten).

Die aliphatischen Kohlenwasserstoffe (Alkane, Alkene, Alkine sowie ihre zyklischen Abkömmlinge) sind nahezu geruchlos. Ringförmige aromatische Kohlenwasserstoffe (z. B. Benzol, Toluol, polyzyklische Kohlenwasserstoffe) sind geruchlich wahrnehmbar. Kohlenwasserstoffe gelten teilweise bei längerer Einwirkung als Krebs erregend.

Teiloxidierte Kohlenwasserstoffe (z. B. Aldehyde, Ketone) riechen unangenehm und bilden unter Sonneneinwirkung Folgeprodukte, die bei von bestimmten Konzentrationen ebenfalls als Krebs erregend gelten.

Stickoxide
Stickoxide (NO_x) ist der Sammelbegriff für Verbindungen aus Stickstoff und Sauerstoff. Stickoxide bilden sich bei allen Verbrennungsvorgängen mit Luft infolge von Nebenreaktionen mit dem enthaltenen Stickstoff. Beim Verbrennungsmotor entstehen hauptsächlich Stickstoffoxid (NO) und Stickstoffdioxid (NO_2), in geringem Maß auch Distickstoffoxid (N_2O).

Stickstoffoxid (NO) ist farb- und geruchlos und wandelt sich in Luft langsam in Stickstoffdioxid (NO_2) um. Stickstoffdioxid (NO_2) ist in reiner Form ein rotbraunes, stechend riechendes, giftiges Gas. Bei Konzentrationen, wie sie in stark verunreinigter Luft auftreten, kann NO_2 zur Schleimhautreizung führen. Stickoxide sind mitverantwortlich für Waldschäden (saurer Regen) durch Bildung von salpetriger Säure (HNO_2) und Salpetersäure (HNO_3) sowie für die Smog-Bildung.

Schwefeldioxid
Schwefelverbindungen im Abgas – vorwiegend Schwefeldioxid (SO_2) – entstehen aufgrund des Schwefelgehalts des Kraftstoffs. SO_2-Emissionen sind nur zu einem geringen Anteil auf den Straßenverkehr zurückzuführen. Sie werden nicht durch die Abgasgesetzgebung begrenzt.

Die Bildung von Schwefelverbindungen muss trotzdem weitestgehend verhindert werden, da sich SO_2 an den Katalysatoren (Dreiwegekatalysator, NO_x-Speicherkatalysator) festsetzt und diese vergiftet, d. h. ihre Reaktionsfähigkeit herabsetzt.

SO_2 trägt wie auch die Stickoxide zur Entstehung des sauren Regens bei, da es in der

Atmosphäre oder nach Ablagerung zu schwefeliger Säure und Schwefelsäure umgesetzt werden kann.

Feststoffe
Bei unvollständiger Verbrennung entstehen Feststoffe in Form von Partikeln. Sie bestehen – abhängig vom eingesetzten Brennverfahren und Motorbetriebszustand – hauptsächlich aus einer Aneinanderkettung von Kohlenstoffteilchen (Ruß) mit einer sehr großen spezifischen Oberfläche. An den Ruß lagern sich unverbrannte oder teilverbrannte Kohlenwasserstoffe, zusätzlich auch Aldehyde mit aufdringlichem Geruch an. Am Ruß binden sich auch Kraftstoff- und Schmierölaerosole (in Gasen feinstverteilte feste oder flüssige Stoffe) sowie Sulfate. Für die Sulfate ist der im Kraftstoff enthaltene Schwefel verantwortlich.

Einflüsse auf Rohemissionen

Bei der Verbrennung des Luft-Kraftstoff-Gemischs entstehen als Nebenprodukte hauptsächlich die Schadstoffe NO_x, CO und HC. Die Mengen dieser Schadstoffe, die im Rohabgas (Abgas nach der Verbrennung, vor der Abgasreinigung) enthalten sind, hängen stark vom Brennverfahren und Motorbetrieb ab. Entscheidenden Einfluss auf die Bildung von Schadstoffen haben die Luftzahl λ und der Zündzeitpunkt.

Das Katalysatorsystem konvertiert im betriebswarmen Zustand die Schadstoffe zum größten Teil, sodass die vom Fahrzeug in die Umgebung abgegebenen Emissionen weitaus geringer sind als die Rohemissionen. Um die abgegebenen Schadstoffe mit einem vertretbaren Aufwand für die Abgasnachbehandlung zu minimieren, muss jedoch schon die Rohemission so gering wie möglich gehalten werden. Dies gilt insbesondere nach einem Kaltstart des Motors, wenn das Katalysator-

system noch nicht die Betriebstemperatur zur Konvertierung der Schadstoffe erreicht hat. Für diese kurze Zeit werden die Rohemissionen nahezu unbehandelt in die Umgebung abgegeben. Die Reduzierung der Rohemissionen in dieser Phase ist daher ein wichtiges Entwicklungsziel.

Einflussgrößen
Luft-Kraftstoff-Verhältnis
Die Schadstoffemission eines Motors wird ganz wesentlich durch das Luft-Kraftstoff-Verhältnis (Luftzahl λ) bestimmt.

- $\lambda = 1$: Die zugeführte Luftmasse entspricht der theoretisch erforderlichen Luftmasse zur vollständigen stöchiometrischen Verbrennung des zugeführten Kraftstoffs. Motoren mit Saugrohreinspritzung oder Direkteinspritzung werden in den meisten Betriebsbereichen mit stöchiometrischem Luft-Kraftstoff-Gemisch ($\lambda = 1$) betrieben, damit der Dreiwegekatalysator seine bestmögliche Reinigungswirkung entfalten kann.
- $\lambda < 1$: Es besteht Luftmangel und damit ergibt sich ein fettes Luft-Kraftstoff-Gemisch. Um Bauteile im Abgassystem vor Übertemperatur z. B. bei langen Volllastfahrten zu schützen, kann angefettet werden.
- $\lambda > 1$: In diesem Bereich herrscht Luftüberschuss und damit ergibt sich ein mageres Luft-Kraftstoff-Gemisch. Um z. B. im Kaltstart die HC-Rohemissionen effektiv und schnell mit ausreichend Sauerstoff konvertieren zu können, kann der Motor mager betrieben werden. Der erreichbare Maximalwert für λ – „die Magerlaufgrenze" – ist stark von der Konstruktion und vom verwendeten Gemischaufbereitungssystem abhängig. An der Magerlaufgrenze ist das Luft-Kraftstoff-Gemisch nicht mehr zündwillig. Es treten Verbrennungsaussetzer auf.

Motoren mit Benzin-Direkteinspritzung können betriebspunktabhängig im Schicht-

oder im Homogenbetrieb gefahren werden. Der Homogenbetrieb ist durch eine Einspritzung im Ansaughub gekennzeichnet, wobei sich ähnliche Verhältnisse wie bei der Saugrohreinspritzung ergeben. Diese Betriebsart wird bei hohen abzugebenden Drehmomenten und bei hohen Drehzahlen eingestellt. In dieser Betriebsart beträgt die eingestellte Luftzahl in der Regel $\lambda = 1$.

Im Schichtbetrieb wird der Kraftstoff nicht homogen im gesamten Brennraum verteilt. Dies erreicht man durch eine Einspritzung, die erst im Verdichtungstakt erfolgt. Innerhalb der dadurch im Zentrum des Brennraums entstehenden Kraftstoffwolke sollte das Luft-Kraftstoff-Gemisch möglichst homogen mit der Luftzahl $\lambda = 1$ verteilt sein. In den Randbereichen des Brennraums befindet sich nahezu reine Luft oder sehr mageres Luft-Kraftstoff-Gemisch. Für den gesamten Brennraum ergibt sich dann insgesamt eine Luftzahl von $\lambda > 1$, d.h., es liegt ein mageres Luft-Kraftstoff-Gemisch vor.

Luft-Kraftstoff-Gemischaufbereitung
Für eine vollständige Verbrennung muss der zu verbrennende Kraftstoff möglichst homogen mit der Luft durchmischt sein. Dazu ist eine gute Zerstäubung des Kraftstoffs notwendig. Wird diese Voraussetzung nicht erfüllt, schlagen sich große Kraftstofftropfen am Saugrohr oder an der Brennraumwand nieder. Diese großen Tropfen können nicht vollständig verbrennen und führen zu erhöhten HC-Emissionen.

Für eine niedrige Schadstoffemission ist eine gleichmäßige Luft-Kraftstoff-Gemischverteilung über alle Zylinder erforderlich. Einzeleinspritzanlagen, bei denen in den Saugrohren nur Luft transportiert und der Kraftstoff direkt vor das Einlassventil (bei Saugrohreinspritzung) oder direkt in den Brennraum (bei Benzin-Direkteinspritzung) eingespritzt wird, garantieren eine gleichmäßige Luft-Kraftstoff-Gemischverteilung. Bei Vergaser- und Zentraleinspritzanlagen ist das nicht gewährleistet, da sich große Kraftstofftröpfchen an den Rohrkrümmungen der einzelnen Saugrohre niederschlagen können.

Drehzahl
Eine höhere Motordrehzahl bedeutet eine größere Reibleistung im Motor selbst und eine höhere Leistungsaufnahme der Nebenaggregate (z. B. Wasserpumpe). Bezogen auf die zugeführte Energie sinkt daher die abgegebene Leistung, der Motorwirkungsgrad wird mit zunehmender Drehzahl schlechter.

Wird eine bestimmte Leistung bei höherer Drehzahl abgegeben, bedeutet das einen höheren Kraftstoffverbrauch, als wenn die gleiche Leistung bei niedriger Drehzahl abgegeben wird. Damit ist auch ein höherer Schadstoffausstoß verbunden.

Motorlast
Die Motorlast und damit das erzeugte Motordrehmoment hat für die Schadstoffkomponenten Kohlenmonoxid CO, die unverbrannten Kohlenwasserstoffe HC und die Stickoxide NO_x unterschiedliche Auswirkungen. Auf die Einflüsse wird nachfolgend eingegangen.

Zündzeitpunkt
Die Entflammung des Luft-Kraftstoff-Gemischs, das heißt die zeitliche Phase vom Funkenüberschlag bis zur Ausbildung einer stabilen Flammenfront, hat auf den Verbrennungsablauf einen wesentlichen Einfluss. Sie wird durch den Zeitpunkt des Funkenüberschlags, die Zündenergie sowie die Luft-Kraftstoff-Gemischzusammensetzung an der Zündkerze bestimmt. Eine große Zündenergie bedeutet stabilere Entflammungsverhältnisse mit positiven Auswirkungen auf die Stabilität des Verbrennungsablaufs von Arbeitsspiel zu Arbeitsspiel und damit auch auf die Abgaszusammensetzung.

HC-Rohemission

Einfluss des Drehmoments

Mit steigendem Drehmoment erhöht sich die Temperatur im Brennraum. Die Dicke der Zone, in der die Flamme in der Nähe der Brennraumwand aufgrund nicht ausreichend hoher Temperaturen gelöscht wird, nimmt daher mit steigendem Drehmoment ab. Aufgrund der vollständigeren Verbrennung entstehen dann weniger unverbrannte Kohlenwasserstoffe.

Zudem fördern die höheren Abgastemperaturen, die aufgrund der höheren Brennraumtemperaturen bei hohem Drehmoment während der Expansionsphase und des Ausschiebens entstehen, eine Nachreaktion der unverbrannten Kohlenwasserstoffe zu CO_2 und Wasser. Die leistungsbezogene Rohemission unverbrannter Kohlenwasserstoffe wird somit bei hohem Drehmoment wegen der höheren Temperaturen im Brennraum und im Abgas reduziert.

Einfluss der Drehzahl

Mit steigenden Drehzahlen nimmt die HC-Emission des Ottomotors zu, da die zur Aufbereitung und zur Verbrennung des Luft-Kraftstoff-Gemischs zur Verfügung stehende Zeit kürzer wird.

Einfluss des Luft-Kraftstoff-Verhältnisses

Bei Luftmangel ($\lambda < 1$) werden aufgrund von unvollständiger Verbrennung unverbrannte Kohlenwasserstoffe gebildet. Die Konzentration ist umso höher, je größer die Anfettung ist (Bild 3). Im fetten Bereich steigt deshalb die HC-Emission mit abnehmender Luftzahl λ.

Auch im mageren Bereich ($\lambda > 1$) nehmen die HC-Emissionen zu. Das Minimum liegt im Bereich von $\lambda = 1,05...1,2$. Der Anstieg im mageren Bereich wird durch unvollständige Verbrennung in den Randbereichen des Brennraums verursacht. Bei sehr mageren

Luft-Kraftstoff-Gemischen kommt zu diesem Effekt noch hinzu, dass verschleppte Verbrennungen bis hin zu Zündaussetzern auftreten, was zu einem drastischen Anstieg der HC-Emission führt. Die Ursache dafür ist eine Luft-Kraftstoff-Gemischungleichverteilung im Brennraum, die schlechte Entflammungsbedingungen in mageren Brennraumzonen zur Folge hat.

Die Magerlaufgrenze des Ottomotors hängt im Wesentlichen von der Luftzahl an der Zündkerze während der Zündung und von der Summen-Luftzahl (Luft-Kraftstoff-Verhältnis über den gesamten Brennraum betrachtet) ab. Durch gezielte Ladungsbewegung im Brennraum kann sowohl die Homogenisierung und damit die Entflammungssicherheit erhöht als auch die Flammenausbreitung beschleunigt werden.

Im Schichtbetrieb bei der Benzin-Direkteinspritzung wird hingegen keine Homogenisierung des Kraftstoff-Luft-Gemischs im gesamten Brennraum angestrebt, sondern im Bereich der Zündkerze ein gut entflammbares Luft-Kraftstoff-Gemisch geschaffen. Bedingt dadurch sind in dieser Betriebsart deutlich größere Summen-Luftzahlen als bei Homogenisierung des Luft-Kraftstoff-Gemischs realisierbar. Die HC-Emissionen im Schichtbetrieb sind im Wesentlichen von der Luft-Kraftstoff-Gemischaufbereitung abhängig.

Entscheidend bei der Direkteinspritzung ist, dass eine Benetzung der Brennraumwände und des Kolbens möglichst vermieden wird, da die Verbrennung eines solchen Wandfilms in der Regel unvollständig erfolgt und so hohe HC-Emissionen zur Folge hat.

Einfluss des Zündzeitpunkts

Mit früherem Zündwinkel α_Z (größere Werte in Bild 3 relativ zum oberen Totpunkt) nimmt die Emission unverbrannter Kohlenwasserstoffe zu, da die Nachreaktion in der

Expansionsphase und in der Auspuffphase
wegen der geringeren Abgastemperatur un-
günstiger verläuft (**Bild 3**). Nur im sehr mageren Bereich kehren sich die Verhältnisse
um. Bei magerem Luft-Kraftstoff-Gemisch
ist die Verbrennungsgeschwindigkeit so gering, dass bei spätem Zündwinkel die Verbrennung noch nicht abgeschlossen ist,
wenn das Auslassventil öffnet. Die Magerlaufgrenze des Motors wird bei spätem
Zündwinkel schon bei geringerer Luftzahl λ
erreicht.

CO-Rohemission
Einfluss des Drehmoments
Ähnlich wie bei der HC-Rohemission begünstigen die höheren Prozesstemperaturen
bei hohem Drehmoment die Nachreaktion
von CO während der Expansionsphase. Das
CO wird zu CO_2 oxidiert.

Einfluss der Drehzahl
Auch die Drehzahlabhängigkeit der CO-
Emission entspricht der der HC-Emission.

Mit steigenden Drehzahlen nimmt die CO-
Emission des Ottomotors zu, da die zur Auf-
bereitung und zur Verbrennung des Luft-
Kraftstoff-Gemischs zur Verfügung stehende
Zeit kürzer wird.

Einfluss des Luft-Kraftstoff-Verhältnisses
Im fetten Bereich ist die CO-Emission
nahezu linear von der Luftzahl abhängig
(**Bild 4**). Der Grund dafür ist der Sauerstoffmangel und die damit verbundene
unvollständige Oxidation des Kohlen-
stoffs.
   Im mageren Bereich (bei Luftüberschuss)
ist die CO-Emission sehr niedrig und nahezu unabhängig von der Luftzahl. CO entsteht
hier nur durch die unvollständige Verbrennung von schlecht homogenisiertem Luft-
Kraftstoff-Gemisch.

Einfluss des Zündzeitpunkts
Die CO-Emission ist vom Zündzeitpunkt
nahezu unabhängig (**Bild 4**) und fast ausschließlich eine Funktion der Luftzahl λ.

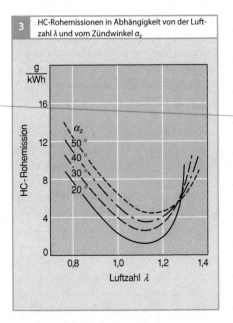

3 HC-Rohemissionen in Abhängigkeit von der Luftzahl λ und vom Zündwinkel a_z

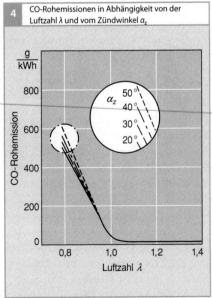

4 CO-Rohemissionen in Abhängigkeit von der
Luftzahl λ und vom Zündwinkel a_z

NO$_x$-Rohemission

Einfluss des Drehmoments

Die mit dem Drehmoment steigende Brennraumtemperatur begünstigt die NO$_x$-Bildung. Die NO$_x$-Rohemission nimmt daher mit dem abgegebenen Drehmoment überproportional zu.

Einfluss der Drehzahl

Da die zur Verfügung stehende Reaktionszeit zur Bildung von NO$_x$ bei höheren Drehzahlen kleiner ist, nehmen die NO$_x$-Emissionen mit steigender Drehzahl ab. Zusätzlich gilt es, den Restgasgehalt im Brennraum zu berücksichtigen, der zu niedrigeren Spitzentemperaturen führt. Da dieser Restgasgehalt in der Regel mit steigender Drehzahl abnimmt, ist dieser Effekt zu der oben beschriebenen Abhängigkeit gegenläufig.

Einfluss des Luft-Kraftstoff-Verhältnisses

Das Maximum der NO$_x$-Emission liegt bei leichtem Luftüberschuss im Bereich von $\lambda = 1,05...1,1$. Im mageren sowie im fetten Bereich fällt die NO$_x$-Emission ab, da die Spitzentemperaturen der Verbrennung sinken. Der Schichtbetrieb bei Motoren mit

Benzin-Direkteinspritzung ist durch große Luftzahlen gekennzeichnet. Die NO$_x$-Emissionen sind verglichen mit dem Betriebspunkt bei $\lambda = 1$ niedrig, da nur ein Teil des Gases an der Verbrennung teilnimmt.

Einfluss der Abgasrückführung

Dem Luft-Kraftstoff-Gemisch kann zur Emissionsreduzierung verbranntes Abgas (Inertgas) zugeführt werden. Entweder wird durch eine geeignete Nockenwellenverstellung Inertgas nach der Verbrennung im Brennraum zurückgehalten (interne Abgasrückführung) oder aber es wird durch eine externe Abgasrückführung Abgas entnommen und nach einer Vermischung mit der Frischluft dem Brennraum zugeführt. Durch diese Maßnahmen werden die Flammentemperatur im Brennraum und die NO$_x$-Emissionen gesenkt. Insbesondere im Schichtbetrieb bei Motoren mit Benzin-Direkteinspritzung wird die externe Abgasrückführung eingesetzt. In Bild 5 ist die Abhängigkeit der NO$_x$-Rohemission im Schichtbetrieb von der Abgasrückführrate (AGR) dargestellt. Im mageren Betrieb können die NO$_x$-Rohemissionen nicht von einem Dreiwegekatalysator

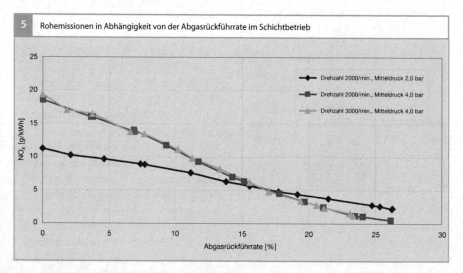

5 Rohemissionen in Abhängigkeit von der Abgasrückführrate im Schichtbetrieb

Drehzahl 2000/min., Mitteldruck 2,0 bar

Drehzahl 2000/min., Mitteldruck 4,0 bar

Drehzahl 3000/min., Mitteldruck 4,0 bar

NO$_x$ [g/kWh]

Abgasrückführrate [%]

Bild 5
Die interne und die externe Abgasrückführung haben tendenziell die gleiche Wirkung

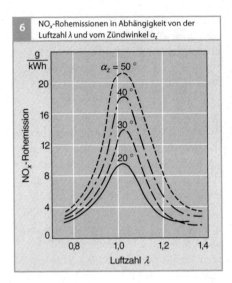

6   NO$_x$-Rohemissionen in Abhängigkeit von der Luftzahl λ und vom Zündwinkel α_z

Ruß-Emission

Ottomotoren weisen nahe des stöchiometrischen Luft-Kraftstoff-Gemischs im Gegensatz zu Dieselmotoren nur äußerst geringe Ruß-Emissionen auf. Ruß entsteht lokal bei diffusiver Verbrennung von sehr fettem Luft-Kraftstoff-Gemisch ($\lambda < 0{,}4$) bei hohen Verbrennungstemperaturen von bis zu 2 000 K. Diese Bedingungen können bei Benetzung der Kolben und des Brennraumdaches oder aufgrund von Restkraftstoff an den Einlassventilen und in Quetschspalten sowie unverbrannten Kraftstofftropfen auftreten. Da die Motortemperatur einen wesentlichen Einfluss auf die Ausbildung von benetzenden Kraftstofffilmen hat, beobachtet man hohe Rußemissionen in erster Linie im Kaltstart und während der Warmlaufphase des Motors. Daneben kann auch bei inhomogener Gasphase in lokalen Fettzonen Ruß gebildet werden. Im Schichtbetrieb bei Motoren mit Benzin-Direkteinspritzung kann es bei lokal sehr fetten Zonen oder Kraftstofftropfen zur Rußbildung kommen. Deshalb ist der Schichtbetrieb nur bis zu einer mittleren Drehzahl möglich, um sicherzustellen, dass die Zeit zur Luft-Kraftstoff-Gemischaufbereitung ausreichend groß ist.

konvertiert werden. Es werden NO$_x$-Speicherkatalysatoren eingesetzt, welche die NO$_x$-Rohemissionen im Schichtbetrieb einspeichern und zyklisch durch eine kurze Anfettung regeneriert werden. Eine Reduktion der NO$_x$-Rohemissionen hat damit einen Einfluss auf den Kraftstoffverbrauch, da sich die NO$_x$-Einspeicherzeiten im Schichtbetrieb verlängern. Die Abgasrückführrate erhöht allerdings die Laufunruhe und die HC-Rohemissionen, so dass in der Applikation ein Kompromiss gefunden werden muss.

Einfluss des Zündzeitpunkts

Im gesamten Bereich der Luftzahl λ nimmt die NO$_x$-Emission mit früherem Zündwinkel α_Z zu (**Bild 6**). Ursache dafür ist die höhere Brennraumspitzentemperatur bei früherem Zündzeitpunkt, die das chemische Gleichgewicht auf die Seite der NO$_x$-Bildung verschiebt und vor allem die Reaktionsgeschwindigkeit der NO$_x$-Bildung erhöht.

Katalytische Abgasreinigung

Die Abgasgesetzgebung legt Grenzwerte für die Schadstoffemissionen von Kraftfahrzeugen fest. Zur Einhaltung dieser Grenzwerte sind motorische Maßnahmen allein nicht ausreichend, vielmehr steht beim Ottomotor die katalytische Nachbehandlung des Abgases zur Konvertierung der Schadstoffe im Vordergrund. Dafür durchströmt das Abgas einen oder mehrere im Abgastrakt sitzende Katalysatoren, bevor es ins Freie gelangt. An der Katalysatoroberfläche werden die im Abgas vorliegenden Schadstoffe durch chemische Reaktionen in ungiftige Stoffe umgewandelt.

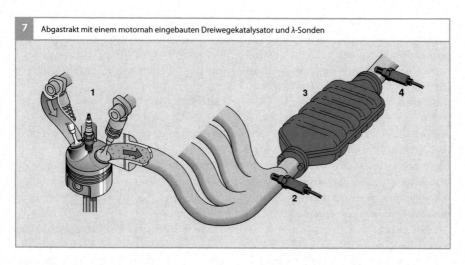

7   Abgastrakt mit einem motornah eingebauten Dreiwegekatalysator und λ-Sonden

Bild 7
1 Motor
2 λ-Sonde vor dem
   Katalysator (Zwei-
   punkt-Sonde oder
   Breitband-λ-Sonde,
   je nach System)
3 Dreiwegekatalysator
4 Zweipunkt-λ-Sonde
   hinter dem Katalysa-
   tor (nur für Systeme
   mit Zwei-Sonden-λ-
   Regelung)

Übersicht

Die katalytische Nachbehandlung des Abgases mithilfe des Dreiwegekatalysators ist derzeit das wirkungsvollste Abgasreinigungsverfahren für Ottomotoren. Der Dreiwegekatalysator ist sowohl für Motoren mit Saugrohreinspritzung als auch mit Benzin-Direkteinspritzung ein Bestandteil des Abgasreinigungssystems (Bild 7).

Bei homogener Luft-Kraftstoff-Gemischverteilung mit stöchiometrischem Luft-Kraftstoff-Verhältnis ($\lambda = 1$) kann der betriebswarme Dreiwegekatalysator die Schadstoffe Kohlenmonoxid (CO), Kohlenwasserstoffe (HC) und Stickoxide (NO_x) nahezu vollständig umwandeln. Die genaue Einhaltung von $\lambda = 1$ erfordert jedoch eine Luft-Kraftstoff-Gemischbildung mittels elektronisch geregelter Benzineinspritzung; diese hat den bis zur Einführung des Dreiwegekatalysators hauptsächlich verwendeten Vergaser heute vollständig ersetzt. Eine präzise λ-Regelung überwacht die Zusammensetzung des Luft-Kraftstoff-Gemischs und regelt sie auf den Wert $\lambda = 1$. Obwohl diese idealen Bedingungen nicht in allen Betriebszuständen eingehalten werden können, kann im Mittel eine Schadstoffreduzierung um mehr als 98 % erreicht werden.

Da der Dreiwegekatalysator im mageren Betrieb (bei $\lambda > 1$) die Stickoxide nicht umsetzen kann, wird bei Motoren mit magerer Betriebsart zusätzlich ein NO_x-Speicherkatalysator eingesetzt. Eine andere Möglichkeit der NO_x-Minderung bei $\lambda > 1$ ist die selektive katalytische Reduktion (SCR, siehe z. B. [1, 2]). Dieses Verfahren wird bereits bei Diesel-Nfz und Diesel-Pkw eingesetzt. Die SCR-Technik findet jedoch bei Ottomotoren bisher keine Anwendung.

Der separate Oxidationskatalysator, der bei Dieselmotoren zur Oxidation von HC und CO angewendet wird, wird bei Ottomotoren nicht eingesetzt, da der Dreiwegekatalysator diese Funktion erfüllt.

Entwicklungsziele

Angesichts immer weiter herabgesetzter Emissionsgrenzwerte bleibt die Verringerung des Schadstoffausstoßes ein wichtiges Ziel der Motorenentwicklung. Während ein betriebswarmer Katalysator inzwischen sehr hohe Konvertierungsraten nahe 100 % erreicht, werden in der Kaltstart- und Aufwärmphase erheblich größere Mengen an Schadstoffen ausgestoßen als mit betriebswarmem Katalysator: Der Anteil der emittierten Schadstoffe aus dem Startprozess und der nachfolgenden Nachstartphase kann sowohl im europäischen als auch im amerikanischen Testzyklus (NEFZ bzw. FTP 75) bis zu 90 % der Gesamtemissionen ausmachen. Für eine Reduzierung der Emissionen ist es daher zwingend, sowohl ein schnelles Aufheizen des Katalysators zu erreichen, als auch möglichst niedrige Rohemissionen in der Startphase und während des Heizens des Katalysators zu erzeugen. Dies wird zum einen durch optimierte Softwaremaßnahmen, zum anderen aber auch durch eine Optimierung der Komponenten Katalysator und λ-Sonde erreicht. Das Anspringen des Katalysators im Kaltstart hängt maßgeblich von der Washcoattechnologie und der darauf abgestimmten Edelmetallbeladung ab. Eine frühe Betriebsbereitschaft der λ-Sonde ermöglicht ein schnelles Erreichen des λ-geregelten Betriebs verbunden mit einer Reduzierung der Emissionen auf Grund geringerer Abweichungen der Zusammensetzung des Luft-Kraftstoff-Gemischs vom Sollwert als bei rein gesteuertem Betrieb.

Katalysatorkonzepte

Katalysatoren lassen sich in kontinuierlich arbeitende Katalysatoren und diskontinuierlich arbeitende Katalysatoren unterteilen.

Kontinuierlich arbeitende Katalysatoren setzen die Schadstoffe ununterbrochen und ohne aktiven Eingriff in die Betriebsbedingungen des Motors um. Kontinuierlich arbeitende Systeme sind der Dreiwegekatalysator, der Oxidationskatalysator und der SCR-Katalysator (selektive katalytische Reduktion; Einsatz nur bei Dieselmotoren, siehe z. B. [1, 2]). Bei diskontinuierlich arbeitenden Katalysatoren gliedert sich der Betrieb in unterschiedliche Phasen, die jeweils durch eine aktive Änderung der Randbedingungen durch die Motorsteuerung eingeleitet werden. Der NO_x-Speicherkatalysator arbeitet diskontinuierlich: Bei

Sauerstoffüberschuss im Abgas wird NO_x eingespeichert, für die anschließende Regenerationsphase wird kurzfristig auf fetten Betrieb (Sauerstoffmangel) umgeschaltet.

Katalysator-Konfigurationen
Randbedingungen
Die Auslegung der Abgasanlage wird durch mehrere Randbedingungen definiert: Aufheizverhalten im Kaltstart, Temperaturbelastung in der Volllast, Bauraum im Fahrzeug sowie Drehmoment und Leistungsentfaltung des Motors.

Die erforderliche Betriebstemperatur des Dreiwegekatalysators begrenzt die Einbaumöglichkeit. Motornahe Katalysatoren kommen in der Nachstartphase schnell auf Betriebstemperatur, können aber bei hoher Last und hoher Drehzahl sehr hoher thermischer Belastung ausgesetzt sein. Motorferne Katalysatoren sind diesen Temperaturbelastungen weniger ausgesetzt. Sie benötigen in der Aufheizphase aber mehr Zeit, um die Betriebstemperatur zu erreichen, sofern dies nicht durch eine optimierte Strategie zur Aufheizung des Katalysators (z. B. Sekundärlufteinblasung) beschleunigt wird.

Strenge Abgasvorschriften verlangen spezielle Konzepte zur Aufheizung des Katalysators beim Motorstart. Je geringer der Wärmestrom ist, der zum Aufheizen des Katalysators erzeugt werden kann, und je niedriger die Emissionsgrenzwerte liegen, desto näher am Motor sollte der Katalysator angeordnet sein – sofern keine zusätzlichen Maßnahmen zur Verbesserung des Aufheizverhaltens getroffen werden. Oft werden luftspaltisolierte Krümmer eingesetzt, die geringere Wärmeverluste bis zum Katalysator aufweisen, um damit eine größere Wärmemenge zum Aufheizen des Katalysators zur Verfügung zu stellen.

Vor- und Hauptkatalysator

Eine verbreitete Konfiguration beim Dreiwegekatalysator ist die geteilte Anordnung mit einem motornahen Vorkatalysator und einem Unterflurkatalysator (Hauptkatalysator). Motornahe Katalysatoren verlangen eine Optimierung der Beschichtung bezüglich der Hochtemperaturstabilität, Unterflurkatalysatoren hingegen werden hinsichtlich niedrige Ansprintemperatur (Low Temperature Light off) sowie einer guten NO_x-Konvertierung optimiert. Für eine schnellere Aufheizung und Schadstoffumwandlung ist der Vorkatalysator in der Regel kleiner und besitzt eine höhere Zelldichte sowie eine größere Edelmetallbeladung.

NO_x-Speicherkatalysatoren sind aufgrund ihrer geringeren maximal zulässigen Betriebstemperatur im Unterflurbereich angeordnet. Alternativ zu der klassischen Aufteilung in zwei separate Gehäuse und Anbaupositionen gibt es auch zweistufige Katalysatoranordnungen (Kaskadenkatalysatoren), in denen zwei Katalysatorträger in einem gemeinsamen Gehäuse hintereinander untergebracht sind. Damit kann das System kostengünstiger dargestellt werden. Die beiden Träger sind zur thermischen Entkopplung durch einen kleinen Luftspalt voneinander getrennt. Beim Kaskadenkatalysator ist die thermische Belastung des zweiten Katalysators aufgrund der räumlichen Nähe vergleichbar mit der des ersten Katalysators. Dennoch gestattet diese Anordnung eine unabhängige Optimierung der beiden Katalysatoren bezüglich Edelmetallbeladung, Zelldichte und Wandstärke. Der erste Katalysator besitzt im Allgemeinen eine größere Edelmetallbeladung und höhere Zelldichte für ein gutes Ansprengverhalten im Kaltstart. Zwischen den beiden Trägern kann eine λ-Sonde für die Regelung und Überwachung der Abgasnachbehandlung angebracht sein.

Auch Konzepte mit nur einem Gesamtkatalysator kommen zum Einsatz. Mit modernen Beschichtungsverfahren ist es möglich, unterschiedliche Edelmetallbeladungen im vorderen und hinteren Teil des Katalysators zu erzeugen. Diese Konfiguration hat zwar geringere Auslegungsfreiheiten, ist jedoch mit vergleichsweise niedrigen Kosten umsetzbar. Sofern das zur Verfügung stehende Platzangebot es erlaubt, wird der Katalysator möglichst motornah angebracht. Bei Einsatz eines effektiven Katalysator-Aufheizverfahrens ist aber auch eine motorferne Positionierung möglich.

Mehrflutige Konfigurationen

Die Abgasstränge der einzelnen Zylinder werden vor dem Katalysator zumindest teilweise durch den Abgaskrümmer zusammengeführt. Bei Vierzylindermotoren kommen häufig Abgaskrümmer zum Einsatz, die alle vier Zylinder nach einer kurzen Strecke zusammenführen. Dies ermöglicht den Einsatz eines motornahen Katalysators, der bezüglich des Aufheizverhaltens günstig positioniert werden kann (Bild 8a).

Für eine leistungsoptimierte Motorauslegung werden bei Vierzylindermotoren bevorzugt 4-in-2-Abgaskrümmer eingesetzt, bei denen zunächst nur jeweils zwei Abgasstränge zusammengefasst werden. Damit kann der Abgasgegendruck reduziert werden. Die Positionierung eines Katalysators erst nach der zweiten Zusammenführung zu einem einzigen Gesamtabgasstrang ist für das Aufheizverhalten recht ungünstig. Daher werden teilweise bereits nach der ersten Zusammenführung zwei motornahe (Vor-)Katalysatoren eingebaut und ggf. nach der zweiten Zusammenführung noch ein weiterer (Haupt-)Katalysator eingesetzt (Bild 8b). Ähnlich stellt sich die Situation bei Motoren mit mehr als vier Zylindern dar, insbesondere bei Motoren mit mehr als einer Zylinderbank (V-Motoren). Auf jeder Bank können Vor- und Hauptkatalysatoren entsprechend der bisherigen Beschreibungen eingesetzt werden. Zu unterscheiden ist, ob die Abgasanlage komplett zweiflutig verläuft (**Bild 8c**) oder ob im Unterflurbereich eine Y-förmige Zusammenführung zu einem Gesamtabgasstrang erfolgt. Im letztgenannten Fall kann bei einer Konfiguration mit Vor- und Hauptkatalysatoren ein gemeinsamer Hauptkatalysator für beide Bänke zum Einsatz kommen (**Bild 8d**).

Katalysatorheizkonzepte

Eine nennenswerte Konvertierung erreichen Katalysatoren erst ab einer bestimmten Betriebstemperatur (Anspringtemperatur, Light-off-Temperatur). Beim Dreiwegekatalysator beträgt sie ca. 300 °C, bei gealterten Katalysatoren kann diese Temperaturschwelle höher liegen. Bei zunächst kaltem Motor und kalter Abgasanlage muss der Katalysator daher möglichst schnell auf Betriebstemperatur aufgeheizt werden. Hierzu ist kurzfristig eine Wärmezufuhr erforderlich, die durch unterschiedliche Konzepte bereitgestellt werden kann.

Rein motorische Maßnahmen

Für ein effektives Heizen des Katalysators mit motorischen Maßnahmen muss sowohl die Abgastemperatur angehoben als auch der Abgasmassenstrom erhöht werden. Dies wird durch verschiedene Maßnahmen erreicht, die alle den motorischen Wirkungsgrad verschlechtern und somit einen erhöhten Abgaswärmestrom erzeugen.

Die Wärmestromanforderung an den Motor ist abhängig von der Katalysatorposition und der Auslegung der Abgasanlage, da bei kalter Abgasanlage das Abgas auf dem Weg zum Katalysator abkühlt.

Zündwinkelverstellung

Die zentrale Maßnahme zur Erhöhung des Abgaswärmestroms ist die Zündwinkelverstellung in Richtung „spät". Die Verbrennung wird möglichst spät eingeleitet und findet in der Expansionsphase statt. Am Ende der Expansionsphase hat das Abgas dann noch eine relativ hohe Temperatur. Auf den Motorwirkungsgrad wirkt sich die späte Verbrennung ungünstig aus.

Leerlaufdrehzahl

Als unterstützende Maßnahme wird i. A. zusätzlich die Leerlaufdrehzahl angehoben und

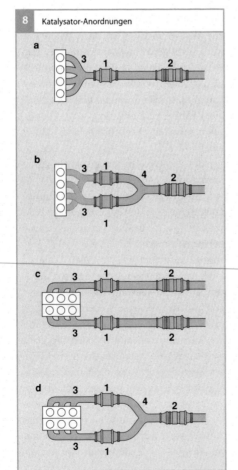

Bild 8
1 Vorkatalysator
2 Hauptkatalysator
3 erste Zusammenführung
4 zweite Zusammenführung

a) Einsatz eines motornahen Vorkatalysators und eines Hauptkatalysators
b) 4-in-2-Abgaskrümmer für leistungsoptimierte Motorauslegung mit zwei motornahen Vorkatalysatoren und einem Hauptkatalysator
c) Motor mit mehr als einer Zylinderbank (V-Motor): Abgasanlage verläuft komplett zweiflutig mit je einem Vor- und einem Hauptkatalysator
d) Motor mit mehr als einer Zylinderbank (V-Motor): Y-förmige Zusammenführung im Unterflurbereich zu einem Gesamtabgasstrang mit einem gemeinsamen Hauptkatalysator für beide Bänke

8   Katalysator-Anordnungen

damit der Abgasmassenstrom erhöht. Die höhere Drehzahl gestattet eine stärkere Spätverstellung des Zündwinkels; um eine sichere Entflammung zu gewährleisten, sind die Zündwinkel jedoch ohne weitere Maßnahmen auf etwa 10 ° bis 15 ° nach dem oberen Totpunkt begrenzt. Die dadurch begrenzte Heizleistung genügt nicht immer, um die aktuellen Emissionsgrenzwerte zu erreichen.

Auslassnockenwellenverstellung
Ein weiterer Beitrag zur Erhöhung des Wärmestroms kann ggf. durch eine Auslassnockenwellenverstellung erreicht werden. Durch ein möglichst frühes Öffnen der Auslassventile wird die ohnehin spät stattfindende Verbrennung frühzeitig abgebrochen und damit die erzeugte mechanische Energie weiter reduziert. Die entsprechende Energiemenge steht als Wärmemenge im Abgas zur Verfügung.

Homogen-Split
Bei der Benzin-Direkteinspritzung gibt es grundsätzlich die Möglichkeit der Mehrfacheinspritzung. Dies erlaubt es, ohne zusätzliche Komponenten, den Katalysator schnell auf Betriebstemperatur aufheizen zu können. Bei der Maßnahme „Homogen-Split" wird zunächst durch Einspritzen während des Ansaugtakts ein homogenes mageres Grundgemisch erzeugt. Eine anschließende kleine Einspritzung während des Verdichtungstakts oder auch nahe der Zündung nach OT ermöglicht sehr späte Zündzeitpunkte (etwa 20 ° bis 30 ° nach OT) und führt zu hohen Abgaswärmeströmen. Die erreichbaren Abgaswärmeströme sind vergleichbar mit denen einer Sekundärlufteinblasung.

Sekundärlufteinblasung
Durch thermische Nachverbrennung von unverbrannten Kraftstoffbestandteilen lässt sich die Temperatur im Abgassystem erhöhen. Hierzu wird ein fettes ($\lambda = 0,9$) bis sehr fettes ($\lambda = 0,6$) Grundgemisch eingestellt. Über eine Sekundärluftpumpe wird dem Abgassystem Sauerstoff zugeführt, sodass sich eine magere Zusammensetzung im Abgas ergibt.

Bei sehr fettem Grundgemisch ($\lambda = 0,6$) oxidieren die unverbrannten Kraftstoffbestandteile oberhalb einer bestimmten Temperaturschwelle exotherm. Um diese Temperatur zu erreichen, muss einerseits mit späten Zündwinkeln das Temperaturniveau erhöht werden und andererseits die Sekundärluft möglichst nahe an den Auslassventilen eingeleitet werden. Die exotherme Reaktion im Abgassystem erhöht den Wärmestrom in den Katalysator und verkürzt somit die Aufheizdauer. Zudem werden die HC- und CO-Emissionen im Vergleich zu rein motorischen Maßnahmen noch vor Eintritt in den Katalysator reduziert.

Bei weniger fettem Grundgemisch ($\lambda = 0,9$) findet vor dem Katalysator keine nennenswerte Reaktion statt. Die unverbrannten Kraftstoffbestandteile oxidieren erst im Katalysator und heizen diesen somit von innen auf. Dazu muss jedoch zunächst die Stirnfläche des Katalysators durch konventionelle Maßnahmen (wie Zündwinkelspätverstellung) auf Betriebstemperatur gebracht werden. In der Regel wird ein weniger fettes Grundgemisch eingestellt, da bei einem sehr fetten Grundgemisch die exotherme Reaktion vor dem Katalysator nur unter stabilen Randbedingungen zuverlässig abläuft.

Die Sekundärlufteinblasung erfolgt mit einer elektrischen Sekundärluftpumpe (Bild 9, Pos. 1), die aufgrund des hohen Strombedarfs über ein Relais (3) geschaltet wird. Das Sekundärluftventil (5) verhindert das Rückströmen von Abgas in die Pumpe und muss bei ausgeschalteter Pumpe geschlossen sein. Es ist entweder ein passives

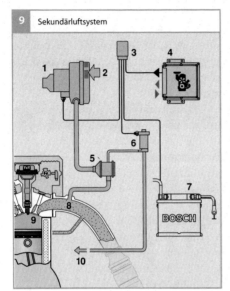

9   Sekundärluftsystem

Rückschlagventil oder es wird rein elektrisch oder pneumatisch angesteuert. Im letzten Fall wird wie hier dargestellt ein elektrisch betätigtes Steuerventil (6) benötigt. Bei betätigtem Steuerventil öffnet das Sekundärluftventil durch den Saugrohrunterdruck. Die Koordination des Sekundärluftsystems wird von dem Motorsteuergerät (4) übernommen.

λ-Regelkreis

Aufgabe

Damit die Konvertierungsraten des Dreiwegekatalysators für die Schadstoffkomponenten HC, CO und NO_x möglichst hoch sind, müssen die Reaktionskomponenten im stöchiometrischen Verhältnis vorliegen. Das erfordert, dass das stöchiometrische Luft-Kraftstoff-Verhältnis sehr genau eingehalten wird und eine Luft-Kraftstoff-Gemischzusammensetzung mit $\lambda = 1{,}0$ vorliegt. Um bei der Luft-Kraftstoff-Gemischbildung diesen Sollwert im Motorbetrieb einstellen zu können, wird der Vorsteuerung des Luft-Kraftstoff-Gemischs ein Regelkreis überlagert, da allein mit einer Steuerung der Kraftstoffzumessung keine ausreichende Genauigkeit erzielt wird.

Arbeitsweise

Mit dem λ-Regelkreis können Abweichungen von einem bestimmten Luft-Kraftstoff-Verhältnis erkannt und über die Menge des eingespritzten Kraftstoffs korrigiert werden. Als Maß für die Zusammensetzung des Luft-Kraftstoff-Gemischs dient der Restsauerstoffgehalt im Abgas, der mittels λ-Sonden gemessen wird.

Das Funktionsschema der λ-Regelung ist in Bild 10 dargestellt. In Abhängigkeit von der Art der Sonde vor dem Katalysator (Pos. 3a) wird zwischen einer Zweipunkt-λ-Regelung oder einer stetigen λ-Regelung unterschieden.

Bei der Zweipunkt-λ-Regelung, die nur auf den Wert $\lambda = 1$ regeln kann, sitzt eine Zweipunkt-λ-Sonde im Abgastrakt vor dem Vorkatalysator (4). Der Einsatz einer Breitband-λ-Sonde vor dem Vorkatalysator hingegen erlaubt eine stetige λ-Regelung auch auf λ-Werte, die vom Wert 1 abweichen.

Eine größere Genauigkeit wird durch eine Zweisonden-Regelung erreicht, bei der sich hinter dem Vorkatalysator (4) eine zweite λ-Sonde (3b) befindet. Der erste λ-Regelkreis basierend auf dem Signal der Sonde vor dem Katalysator wird durch eine zweite λ-Regelschleife basierend auf dem Signal der λ-Sonde hinter dem Katalysator korrigiert.

Zweipunkt-Regelung

Die Zweipunkt-λ-Regelung regelt die Luftzahl auf $\lambda = 1$ ein. Eine Zweipunkt-λ-Sonde als Messsensor im Abgasrohr liefert kontinuierlich Informationen darüber, ob das Luft-Kraftstoff-Gemisch fetter oder magerer als $\lambda = 1$ ist. Eine hohe Sondenspannung (z. B. 800 mV) zeigt ein fettes, eine niedrige Son-

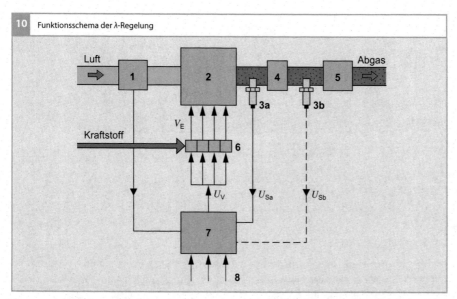

10 Funktionsschema der λ-Regelung

Bild 10
1 Luftmassenmesser
2 Motor
3a λ-Sonde vor dem
   Vorkatalysator
   (Zweipunkt-λ-Sonde
   oder Breitband-λ-
   Sonde)
3b Zweipunkt-λ-Sonde
   hinter dem Vor-
   katalysator
4 Vorkatalysator (Drei-
   wegekatalysator)
5 Hauptkatalysator
   (Dreiwegekataly-
   sator)
6 Einspritzventile
7 Motorsteuergerät
8 Eingangssignale
U_S Sondenspannung
U_V Ventilsteuerspan-
   nung
V_E Einspritzmenge

denspannung (z. B. 200 mV) ein mageres Luft-Kraftstoff-Gemisch an.

Bei jedem Übergang von fettem zu magerem sowie von magerem zu fettem Luft-Kraftstoff-Gemisch weist das Ausgangssignal der Sonde einen Spannungssprung auf, der von einer Regelschaltung ausgewertet wird. Bei jedem Spannungssprung ändert die Stellgröße ihre Stellrichtung. Die Stellgröße (Regelfaktor) korrigiert multiplikativ die Gemischvorsteuerung und erhöht oder vermindert damit die Einspritzmenge.

Die Stellgröße ist aus einem Sprung und einer Rampe (Bild 11) zusammengesetzt. Das bedeutet, dass bei einem Sprung des Sondensignals das Luft-Kraftstoff-Gemisch zunächst um einen bestimmten Betrag sofort sprunghaft verändert wird, um möglichst schnell eine Gemischkorrektur herbeizuführen. Anschließend folgt die Stellgröße einer rampenförmigen Anpassungsfunktion, bis erneut ein Spannungssprung des Sondensignals erfolgt. Die Amplitude dieser Stellgröße wird hierbei typisch im Bereich von 2…3 % festgelegt. Das Luft-Kraftstoff-Ge-

misch wechselt somit ständig seine Zusammensetzung in einem sehr engen Bereich um λ = 1. Hierdurch ergibt sich eine beschränkte Reglerdynamik, welche durch die Totzeit im System (die im wesentlichen aus der Gaslaufzeit besteht) und die Gemischkorrektur (in Form der Steigung der Rampe) bestimmt ist.

Die typische Abweichung des Sauerstoffnulldurchgangs und damit des Sprungs der λ-Sonde vom theoretischen Wert bei λ = 1 bedingt durch die Variation der Abgaszusammensetzung, kann kompensiert werden, indem der Stellgrößenverlauf asymmetrisch gestaltet wird (Fett- oder Mager-Verschiebung). Bevorzugt wird hierbei das Festhalten des Rampenendwerts für eine gesteuerte Verweilzeit t_V nach dem Sondensprung (Bild 11): Bei der Verschiebung nach „fett" verharrt die Stellgröße für eine Verweilzeit t_V noch auf Fettstellung, obwohl das Sondensignal bereits in Richtung fett gesprungen ist. Erst nach Ablauf der Verweilzeit schließen sich Sprung und Rampe der Stellgröße in Richtung „mager" an. Springt das Sondensi-

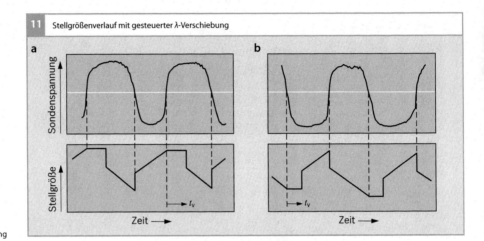

11   Stellgrößenverlauf mit gesteuerter λ-Verschiebung

a

b

Sondenspannung

Stellgröße

t_V

t_V

Zeit →

Zeit →

Bild 11
t_V Verweilzeit nach
      Sondensprung
a) Fettverschiebung
b) Magerverschiebung

gnal anschließend in Richtung „mager", regelt die Stellgröße direkt dagegen (mit Sprung und Rampe), ohne auf der Magerstellung zu verharren.

Bei der Verschiebung nach „mager" verhält es sich umgekehrt: Zeigt das Sondensignal mageres Luft-Kraftstoff-Gemisch an, so verharrt die Stellgröße für die Verweilzeit t_V auf Magerstellung und regelt dann erst in Richtung „fett". Beim Sprung des Sondensignals von „mager" nach „fett" wird hingegen sofort entgegengesteuert.

Stetige λ-Regelung
Die Dynamik einer Zweipunkt-λ-Regelung kann verbessert werden, wenn die Abweichung von λ = 1 tatsächlich gemessen wird. Die Breitband-λ-Sonde liefert ein stetiges Signal. Damit kann auch die Abweichung von λ = 1 gemessen und direkt bewertet werden. Mit der Breitbandsonde lässt sich damit eine kontinuierliche Regelung auf den Sollwert λ = 1 mit stationär sehr kleiner Amplitude in Verbindung mit hoher Dynamik erreichen. Die Parameter dieser Regelung werden in Abhängigkeit von den Betriebspunkten des Motors berechnet und angepasst. Vor allem die unvermeidlichen Restfehler der stationären und instationären

Vorsteuerung können mit dieser Art der λ-Regelung deutlich schneller kompensiert werden.

Die Breitband-λ-Sonde ermöglicht es darüber hinaus, auch auf Soll-Gemischzusammensetzungen zu regeln, die von λ = 1 abweichen. Der Messbereich erstreckt sich auf λ-Werte im Bereich von λ = 0,7 bis „reine Luft" (theoretisch λ → ∞), der Bereich der aktiven λ-Regelung ist je nach Anwendungsfall begrenzt. Damit lässt sich eine geregelte Anfettung (λ < 1) z. B. für den Bauteileschutz wie auch eine geregelte Abmagerung (λ > 1) z. B. für einen mageren Warmlauf beim Katalysatorheizen realisieren. Entsprechend Bild 3 können dadurch die HC-Emissionen bei noch nicht erreichter Anspringtemperatur des Katalysators reduziert werden. Die stetige λ-Regelung ist damit für den mageren und fetten Betrieb geeignet.

Zweisonden-Regelung
Die λ-Regelung mit der λ-Sonde vor dem Katalysator hat eine eingeschränkte Genauigkeit, da die Sonde starken Belastungen (Vergiftungen, ungereinigtes Abgas) ausgesetzt ist. Der Sprungpunkt einer Zweipunktsonde bzw. die Kennlinie einer Breitbandsonde können sich z. B. durch geänderte

Abgaszusammensetzungen verschieben. Eine λ-Sonde hinter dem Katalysator ist diesen Einflüssen in wesentlich geringerem Maße ausgesetzt. Eine λ-Regelung, die alleine auf der Sonde hinter dem Katalysator basiert, hat jedoch wegen der langen Gaslaufzeiten Nachteile in der Dynamik, insbesondere reagiert sie auf Luft-Kraftstoff-Gemischänderungen träger.

Eine größere Genauigkeit wird mit der Zweisonden-Regelung (wie in Bild 10 dargestellt) erreicht. Dabei wird der beschriebenen schnellen Zweipunkt- oder der stetigen λ-Regelung über eine zusätzliche Zweipunkt-λ-Sonde hinter dem Katalysator (Bild 12a) eine langsamere Korrekturregelschleife überlagert. Bei der so entstandenen Kaskadenregelung wird die Sondenspannung der Zweipunkt-Sonde hinter dem Katalysator mit einem Sollwert (z. B. 600 mV) verglichen. Darauf basierend wertet die Regelung die Abweichungen vom Sollwert aus und verändert additiv zur vorgesteuerten Verweilzeit t_V die Fett- bzw. Magerverschiebung der inneren Regelschleife einer Zweipunktregelung oder den Sollwert einer stetigen Regelung.

Dreisonden-Regelung
Sowohl aus Sicht der Katalysatordiagnose (zur getrennten Überwachung des Vor- und des Hauptkatalysators) als auch der Abgaskonstanz ist zur Erfüllung der strengen US-Abgasvorschrift SULEV (Super Ultra Low Emission Vehicle, Kategorie der kalifornischen Abgasgesetzgebung) der Einsatz einer dritten Sonde hinter dem Hauptkatalysator empfehlenswert (Bild 12b). Das Zweisondenregelsystem (mit einer Einfachkaskade) wird durch eine extrem langsame Regelung mit der dritten Sonde hinter dem Hauptkatalysator erweitert.

Da die Anforderungen an die Einhaltung der SULEV-Grenzwerte für eine Laufleistung von 150 000 Meilen gelten, kann die Alterung des Vorkatalysators dazu führen, dass

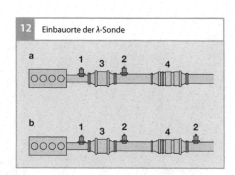

12   Einbauorte der λ-Sonde

a

b

die λ-Messung mit der Zweipunkt-Sonde hinter dem Vorkatalysator an Genauigkeit verliert. Dies wird durch die Regelung mit der Zweipunkt-Sonde hinter dem Hauptkatalysator kompensiert.

Regelung des NO_x-Speicherkatalysators
λ-Regelung bei der Benzin-Direkteinspritzung
Bei Systemen mit Benzin-Direkteinspritzung können unterschiedliche Betriebsarten realisiert werden. Die Auswahl der jeweiligen Betriebsart erfolgt in Abhängigkeit vom Betriebspunkt des Motors und wird von der Motorsteuerung eingestellt. Im Homogenbetrieb unterscheidet sich die λ-Regelung nicht von den bisher aufgeführten Regelstrategien. In den Schichtbetriebsarten ($\lambda > 1$) ist eine Abgasnachbehandlung mit einem NO_x-Speicherkatalysator notwendig. Der Dreiwegekatalysator kann die NO_x-Emissionen im mageren Betrieb nicht konvertieren. Die λ-Regelung ist in diesen Betriebsarten deaktiviert.

Regelung des NO_x-Speicherkatalysators
Für Systeme, die zusätzlich einen mageren Motorbetrieb ($\lambda > 1$) unterstützen, ist eine Regelung des NO_x-Speicherkatalysators (Bild 13) notwendig.

Der NO_x-Speicherkatalysator ist ein diskontinuierlich arbeitender Katalysator. In einer ersten Betriebsphase mit Magerbetrieb werden die NO_x-Emissionen eingespei-

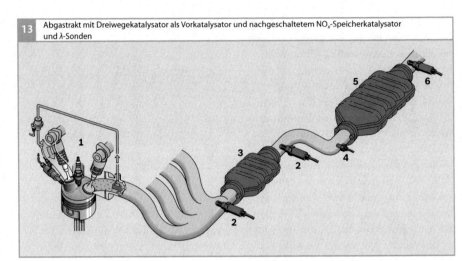

13 Abgastrakt mit Dreiwegekatalysator als Vorkatalysator und nachgeschaltetem NO_x-Speicherkatalysator und λ-Sonden

Bild 13
1 Motor mit Abgas-
   rückführsystem
2 λ-Sonde
3 Dreiwegekatalysator
   (Vorkatalysator)
4 Temperatursensor
5 NO_x-Speicherkata-
   lysator (Hauptkata-
   lysator)
6 NO_x-Sensor mit integrierter Zweipunkt-
   λ-Sonde

chert. Ist die NO_x-Speicherfähigkeit des Katalysators erschöpft, wird durch einen aktiven Eingriff in der Motorsteuerung in eine zweite Betriebsphase umgeschaltet, welche kurzzeitig fetten Motorbetrieb zur Regeneration des NO_x-Speichers liefert. Die Aufgabe der Regelung des NO_x-Speicherkatalysators besteht darin, den Füllstand des NO_x-Speicherkatalysators zu beschreiben und zu entscheiden, ab wann die Regeneration durchgeführt werden muss. Des Weiteren muss entschieden werden, ab wann wieder in den Magerbetrieb umgeschaltet werden kann. Der Kraftstoffverbrauchsvor-

teil durch die Schichtbetriebsart überwiegt in Summe deutlich dem Kraftstoffverbrauchsnachteil durch die Regeneration mit fettem Luft-Kraftstoff-Gemisch. In **Bild 14** sind schematisch die NO_x-Massenströme vor und nach dem NO_x-Speicherkatalysator dargestellt.

NO_x-Einspeicherphase
Zur Regelung des NO_x-Speicherkatalysators wird der NO_x-Rohmassenstrom in Abhängigkeit von Betriebsparametern modelliert; er ist in **Bild 14** beispielhaft als konstant dargestellt. Dieser Massenstrom dient als Eingang in ein NO_x-Einspeichermodell, welches sowohl den Füllstand als auch die NO_x-Emissionen hinter dem Katalysator modelliert. Zu Beginn der Einspeicherphase wird die NO_x-Rohemission nahezu vollständig eingespeichert, der modellierte NO_x-Massenstrom hinter Katalysator ist nahezu null. Mit zunehmender Einspeicherung steigen die NO_x-Emissionen hinter NO_x-Speicherkatalysator an. Die Regelung entscheidet, zu welchem Zeitpunkt der Wirkungsgrad der Einspeicherung nicht mehr ausreicht, und triggert eine NO_x-Regeneration. Das Modell kann durch den dem NO_x-Speicherkatalysa-

Bild 14
NO_x-Emissionen vor und
nach dem NO_x-Spei-
cherkatalysator in der
Einspeicherphase
1 NO_x-Rohemission
2 modellierter NO_x-
   Massenstrom hinter
   dem NO_x-Speicher-
   katalysator

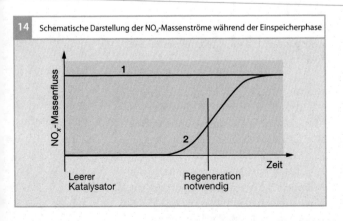

14 Schematische Darstellung der NO_x-Massenströme während der Einspeicherphase

tor nachgeschalteten NO_x-Sensor adaptiert werden.

NO_x-Regenerationsphase
Die Regenerationsphase wird auch Ausspeicherphase genannt. Zur Regeneration des NO_x-Speicherkatalysators wird von der Schichtbetriebsart in den Homogenbetrieb umgeschaltet und angefettet ($\lambda = 0{,}8\ldots0{,}9$), um die eingespeicherten NO_x-Emissionen durch Fettgas konvertieren zu können. Das Ende der Regenerationsphase und damit der Trigger für die Umschaltung in die Schichtbetriebsart, wird durch zwei Verfahren bestimmt: Beim ersten, modellgestützten Verfahren erreicht die berechnete Menge des noch im Speicherkatalysator vorhandenen NO_x eine untere Grenze. Beim zweiten Verfahren misst die im NO_x-Sensor integrierte λ-Sonde die Sauerstoffkonzentration im Abgas hinter dem NO_x-Speicherkatalysator und zeigt einen Spannungssprung von „mager" nach „fett", wenn die Regeneration beendet ist.

Literatur

[1] Konrad Reif: *Automobilelektronik – Eine Einführung für Ingenieure.* 5., überarbeitete Auflage, Springer Vieweg Verlag, Wiesbaden 2015, ISBN 978-3-658-05047-4

[2] Konrad Reif (Hrsg.): *Dieselmotor-Management: Systeme, Komponenten, Steuerung und Regelung.* 5., überarbeitete und erweiterte Auflage, Springer Vieweg, Wiesbaden 2012, ISBN 978-3-8348-1715-0

Elektronische Steuerung und Regelung

Übersicht

Die Aufgabe des elektronischen Motorsteuergeräts besteht darin, alle Aktoren des Motor-Managementsystems so anzusteuern, dass sich ein bestmöglicher Motorbetrieb bezüglich Kraftstoffverbrauch, Abgasemissionen, Leistung und Fahrkomfort ergibt. Um dies zu erreichen, müssen viele Betriebsparameter mit Sensoren erfasst und mit Algorithmen – das sind nach einem festgelegten Schema ablaufende Rechenvorgänge – verarbeitet werden. Als Ergebnis ergeben sich Signalverläufe, mit denen die Aktoren angesteuert werden.

Das Motor-Managementsystem umfasst sämtliche Komponenten, die den Ottomotor steuern (Bild 1, Beispiel Benzin-Direkteinspritzung). Das vom Fahrer geforderte Drehmoment wird über Aktoren und Wandler eingestellt. Im Wesentlichen sind dies
- die elektrisch ansteuerbare Drosselklappe zur Steuerung des Luftsystems: sie steuert den Luftmassenstrom in die Zylinder und damit die Zylinderfüllung,
- die Einspritzventile zur Steuerung des Kraftstoffsystems: sie messen die zur Zylinderfüllung passende Kraftstoffmenge zu,
- die Zündspulen und Zündkerzen zur Steuerung des Zündsystems: sie sorgen für die zeitgerechte Entzündung des im Zylinder vorhandenen Luft-Kraftstoff-Gemischs.

An einen modernen Motor werden auch hohe Anforderungen bezüglich Abgasverhalten, Leistung, Kraftstoffverbrauch, Diagnostizierbarkeit und Komfort gestellt. Hierzu sind im Motor gegebenenfalls weitere Aktoren und Sensoren integriert. Im elektronischen Motorsteuergerät werden alle Stellgrößen nach vorgegebenen Algorithmen berechnet. Daraus werden die Ansteuersignale für die Aktoren erzeugt.

Betriebsdatenerfassung und -verarbeitung

Betriebsdatenerfassung
Sensoren und Sollwertgeber
Das elektronische Motorsteuergerät erfasst über Sensoren und Sollwertgeber die für die Steuerung und Regelung des Motors erforderlichen Betriebsdaten (Bild 1). Sollwertgeber (z. B. Schalter) erfassen vom Fahrer vorgenommene Einstellungen, wie z. B. die Stellung des Zündschlüssels im Zündschloss (Klemme 15), die Schalterstellung der Klimasteuerung oder die Stellung des Bedienhebels für die Fahrgeschwindigkeitsregelung.

Sensoren erfassen physikalische und chemische Größen und geben damit Aufschluss über den aktuellen Betriebszustand des Motors. Beispiele für solche Sensoren sind:
- Drehzahlsensor für das Erkennen der Kurbelwellenstellung und die Berechnung der Motordrehzahl,
- Phasensensor zum Erkennen der Phasenlage (Arbeitsspiel des Motors) und der Nockenwellenposition bei Motoren mit Nockenwellen-Phasenstellern zur Verstellung der Nockenwellenposition,
- Motortemperatur- und Ansauglufttemperatursensor zum Berechnen von temperaturabhängigen Korrekturgrößen,
- Klopfsensor zum Erkennen von Motorklopfen,
- Luftmassenmesser und Saugrohrdrucksensor für die Füllungserfassung,
- λ-Sonde für die λ-Regelung.

Signalverarbeitung im Steuergerät
Bei den Signalen der Sensoren kann es sich um digitale, pulsförmige oder analoge Spannungen handeln. Eingangsschaltungen im Steuergerät oder zukünftig auch vermehrt im Sensor bereiten alle diese Signale auf. Sie nehmen eine Anpassung des Spannungspegels vor und passen damit die Signale für die Weiterverarbeitung im Mikrocontroller des

1 Komponenten für die elektronische Steuerung und Regelung eines Ottomotors

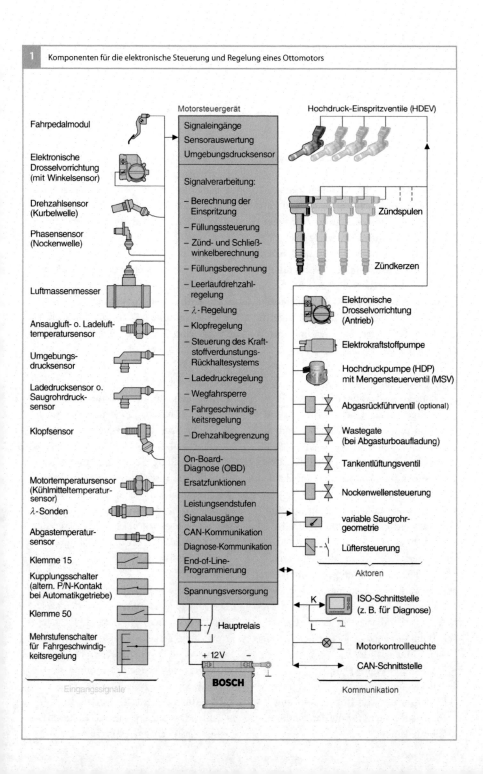

Fahrpedalmodul

Elektronische Drosselvorrichtung (mit Winkelsensor)

Drehzahlsensor (Kurbelwelle)

Phasensensor (Nockenwelle)

Luftmassenmesser

Ansaugluft- o. Ladelufttemperatursensor

Umgebungsdrucksensor

Ladedrucksensor o. Saugrohrdrucksensor

Klopfsensor

Motortemperatursensor (Kühlmitteltemperatursensor)

λ-Sonden

Abgastemperatursensor

Klemme 15

Kupplungsschalter (altern. P/N-Kontakt bei Automatikgetriebe)

Klemme 50

Mehrstufenschalter für Fahrgeschwindigkeitsregelung

Eingangssignale

Motorsteuergerät

Signaleingänge
Sensorauswertung
Umgebungsdrucksensor

Signalverarbeitung:
– Berechnung der Einspritzung
– Füllungssteuerung
– Zünd- und Schließwinkelberechnung
– Füllungsberechnung
– Leerlaufdrehzahlregelung
– λ-Regelung
– Klopfregelung
– Steuerung des Kraftstoffverdunstungs-Rückhaltesystems
– Ladedruckregelung
– Wegfahrsperre
– Fahrgeschwindigkeitsregelung
– Drehzahlbegrenzung

On-Board-Diagnose (OBD)
Ersatzfunktionen

Leistungsendstufen
Signalausgänge
CAN-Kommunikation
Diagnose-Kommunikation
End-of-Line-Programmierung

Spannungsversorgung

Hauptrelais

+ 12V –

BOSCH

Hochdruck-Einspritzventile (HDEV)

Zündspulen

Zündkerzen

Elektronische Drosselvorrichtung (Antrieb)

Elektrokraftstoffpumpe

Hochdruckpumpe (HDP) mit Mengensteuerventil (MSV)

Abgasrückführventil (optional)

Wastegate (bei Abgasturboaufladung)

Tankentlüftungsventil

Nockenwellensteuerung

variable Saugrohrgeometrie

Lüftersteuerung

Aktoren

K ISO-Schnittstelle (z. B. für Diagnose)
L

Motorkontrollleuchte

CAN-Schnittstelle

Kommunikation

Steuergeräts an. Digitale Eingangssignale werden im Mikrocontroller direkt eingelesen und als digitale Information gespeichert. Die analogen Signale werden vom Analog-Digital-Wandler (ADW) in digitale Werte umgesetzt.

Betriebsdatenverarbeitung

Aus den Eingangssignalen erkennt das elektronische Motorsteuergerät die Anforderungen des Fahrers über den Fahrpedalsensor und über die Bedienschalter, die Anforderungen von Nebenaggregaten und den aktuellen Betriebszustand des Motors und berechnet daraus die Stellsignale für die Aktoren. Die Aufgaben des Motorsteuergeräts sind in Funktionen gegliedert. Die Algorithmen sind als Software im Programmspeicher des Steuergeräts abgelegt.

Steuergerätefunktionen
Die Zumessung der zur angesaugten Luftmasse zugehörenden Kraftstoffmasse und die Auslösung des Zündfunkens zum bestmöglichen Zeitpunkt sind die Grundfunktionen der Motorsteuerung. Die Einspritzung und die Zündung können so optimal aufeinander abgestimmt werden.

Die Leistungsfähigkeit der für die Motorsteuerung eingesetzten Mikrocontroller ermöglicht es, eine Vielzahl weiterer Steuerungs- und Regelungsfunktionen zu integrieren. Die immer strengeren Forderungen aus der Abgasgesetzgebung verlangen nach Funktionen, die das Abgasverhalten des Motors sowie die Abgasnachbehandlung verbessern. Funktionen, die hierzu einen Beitrag leisten können, sind z. B.:
- Leerlaufdrehzahlregelung,
- λ-Regelung,
- Steuerung des Kraftstoffverdunstungs-Rückhaltesystems für die Tankentlüftung,
- Klopfregelung,

- Abgasrückführung zur Senkung von NO_x-Emissionen,
- Steuerung des Sekundärluftsystems zur Sicherstellung der schnellen Betriebsbereitschaft des Katalysators.

Bei erhöhten Anforderungen an den Antriebsstrang kann das System zusätzlich noch durch folgende Funktionen ergänzt werden:
- Steuerung des Abgasturboladers sowie der Saugrohrumschaltung zur Steigerung der Motorleistung und des Motordrehmoments,
- Nockenwellensteuerung zur Reduzierung der Abgasemissionen und des Kraftstoffverbrauchs sowie zur Steigerung von Motorleistung und -drehmoment,
- Drehzahl- und Geschwindigkeitsbegrenzung zum Schutz von Motor und Fahrzeug.

Immer wichtiger bei der Entwicklung von Fahrzeugen wird der Komfort für den Fahrer. Das hat auch Auswirkungen auf die Motorsteuerung. Beispiele für typische Komfortfunktionen sind Fahrgeschwindigkeitsregelung (Tempomat) und ACC (Adaptive Cruise Control, adaptive Fahrgeschwindigkeitsregelung), Drehmomentanpassung bei Schaltvorgängen von Automatikgetrieben sowie Lastschlagdämpfung (Glättung des Fahrerwunschs), Einparkhilfe und Parkassistent.

Ansteuerung von Aktoren
Die Steuergerätefunktionen werden nach den im Programmspeicher des Motorsteuerung-Steuergeräts abgelegten Algorithmen abgearbeitet. Daraus ergeben sich Größen (z. B. einzuspritzende Kraftstoffmasse), die über Aktoren eingestellt werden (z. B. zeitlich definierte Ansteuerung der Einspritzventile). Das Steuergerät erzeugt die elektrischen Ansteuersignale für die Aktoren.

Drehmomentstruktur

Mit der Einführung der elektrisch ansteuerbaren Drosselklappe zur Leistungssteuerung wurde die drehmomentbasierte Systemstruktur (Drehmomentstruktur) eingeführt. Alle Leistungsanforderungen (Bild 2) an den Motor werden koordiniert und in einen Drehmomentwunsch umgerechnet. Im Drehmomentkoordinator werden diese Anforderungen von internen und externen Verbrauchern sowie weitere Vorgaben bezüglich des Motorwirkungsgrads priorisiert. Das resultierende Sollmoment wird auf die Anteile des Luft-, Kraftstoff- und Zündsystems aufgeteilt.

Der Füllungsanteil (für das Luftsystem) wird durch eine Querschnittsänderung der Drosselklappe und bei Turbomotoren zusätzlich durch die Ansteuerung des Wastegate-Ventils realisiert. Der Kraftstoffanteil wird im Wesentlichen durch den eingespritzten Kraftstoff unter Berücksichtigung der Tankentlüftung (Kraftstoffverdunstungs-Rückhaltesystem) bestimmt.

Die Einstellung des Drehmoments geschieht über zwei Pfade. Im Luftpfad (Hauptpfad) wird aus dem umzusetzenden Drehmoment eine Sollfüllung berechnet. Aus dieser Sollfüllung wird der Soll-Drosselklappenwinkel ermittelt. Die einzuspritzende Kraftstoffmasse ist aufgrund des fest vorgegebenen λ-Werts von der Füllung abhängig. Mit dem Luftpfad sind nur langsame Drehmomentänderungen einstellbar (z. B. beim Integralanteil der Leerlaufdrehzahlregelung).

Im kurbelwellensynchronen Pfad wird aus der aktuell vorhandenen Füllung das für diesen Betriebspunktpunkt maximal mögliche Drehmoment berechnet. Ist das gewünschte Drehmoment kleiner als das maximal mögliche, so kann für eine schnelle Drehmomentreduzierung (z. B. beim Differentialanteil der Leerlaufdrehzahlregelung, für die Drehmomentrücknahme beim Schaltvorgang oder zur Ruckeldämpfung) der Zündwinkel in Richtung spät verschoben oder einzelne oder mehrere Zylinder vollständig ausgeblendet werden (durch Einspritzausblendung, z. B. bei ESP-Eingriff oder im Schub).

Bei den früheren Motorsteuerungs-Systemen ohne Momentenstruktur wurde eine Zurücknahme des Drehmoments (z. B. auf Anforderung des automatischen Getriebes beim Schaltvorgang) direkt von der jeweiligen Funktion z. B. durch Spätverstellung des

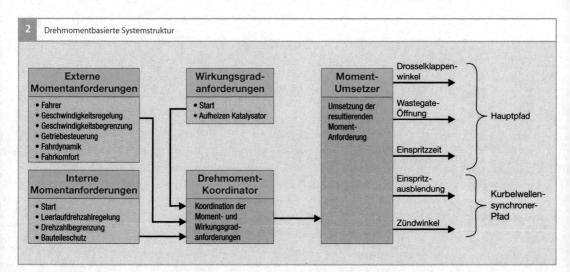

2 Drehmomentbasierte Systemstruktur

Externe Momentanforderungen	Wirkungsgrad-anforderungen	Moment-Umsetzer	Drosselklappen-winkel
• Fahrer • Geschwindigkeitsregelung • Geschwindigkeitsbegrenzung • Getriebesteuerung • Fahrdynamik • Fahrkomfort	• Start • Aufheizen Katalysator	Umsetzung der resultierenden Moment-Anforderung	Wastegate-Öffnung → Hauptpfad Einspritzzeit
Interne Momentanforderungen	Drehmoment-Koordinator		Einspritz-ausblendung
• Start • Leerlaufdrehzahlregelung • Drehzahlbegrenzung • Bauteilschutz	Koordination der Moment- und Wirkungsgrad-anforderungen		Zündwinkel → Kurbelwellen-synchroner-Pfad

Zündwinkels vorgenommen. Eine Koordination der einzelnen Anforderungen und eine koordinierte Umsetzung war nicht gegeben.

Überwachungskonzept

Im Fahrbetrieb darf es unter keinen Umständen zu Zuständen kommen, die zu einer vom Fahrer ungewollten Beschleunigung des Fahrzeugs führen. An das Überwachungskonzept der elektronischen Motorsteuerung werden deshalb hohe Anforderungen gestellt. Hierzu enthält das Steuergerät neben dem Hauptrechner zusätzlich einen Überwachungsrechner; beide überwachen sich gegenseitig.

Diagnose

Die im Steuergerät integrierten Diagnosefunktionen überprüfen das Motorsteuerungs-System (Steuergerät mit Sensoren und Aktoren) auf Fehlverhalten und Störungen, speichern erkannte Fehler im Datenspeicher ab und leiten gegebenenfalls

Ersatzfunktionen ein. Über die Motorkontrollleuchte oder im Display des Kombiinstruments werden dem Fahrer die Fehler angezeigt. Über eine Diagnoseschnittstelle werden in der Kundendienstwerkstatt System-Testgeräte (z. B. Bosch KTS650) angeschlossen. Sie erlauben das Auslesen der im Steuergerät enthaltenen Informationen zu den abgespeicherten Fehlern.

Ursprünglich sollte die Diagnose nur die Fahrzeuginspektion in der Kundendienstwerkstatt erleichtern. Mit Einführung der kalifornischen Abgasgesetzgebung OBD (On-Board-Diagnose) wurden Diagnosefunktionen vorgeschrieben, die das gesamte Motorsystem auf abgasrelevante Fehler prüfen und diese über die Motorkontrollleuchte anzeigen. Beispiele hierfür sind die Katalysatordiagnose, die λ-Sonden-Diagnose sowie die Aussetzererkennung. Diese Forderungen wurden in die europäische Gesetzgebung (EOBD) in abgewandelter Form übernommen.

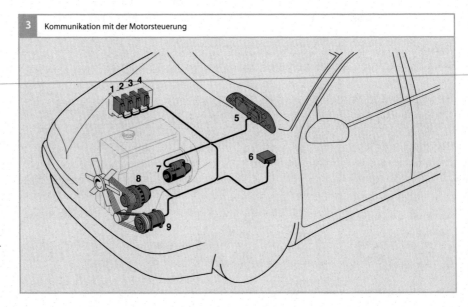

3   Kommunikation mit der Motorsteuerung

Bild 3
1   Motorsteuergerät
2   ESP-Steuergerät
    (elektronisches Sta-
    bilitätsprogramm)
3   Getriebesteuergerät
4   Klimasteuergerät
5   Kombiinstrument
    mit Bordcomputer
6   Steuergerät für Weg-
    fahrsperre
7   Starter
8   Generator
9   Klimakompressor

Vernetzung im Fahrzeug

Über Bussysteme, wie z. B. den CAN-Bus (Controller Area Network), kann die Motorsteuerung mit den Steuergeräten anderer Fahrzeugsysteme kommunizieren. Bild 3 zeigt hierzu einige Beispiele. Die Steuergeräte können die Daten anderer Systeme in ihren Steuer- und Regelalgorithmen als Eingangssignale verarbeiten. Beispiele sind:

- ESP-Steuergerät: Zur Fahrzeugstabilisierung kann das ESP-Steuergerät eine Drehmomentenreduzierung durch die Motorsteuerung anfordern.

- Getriebesteuergerät: Die Getriebesteuerung kann beim Schaltvorgang eine Drehmomentenreduzierung anfordern, um einen weicheren Schaltvorgang zu ermöglichen.

- Klimasteuergerät: Das Klimasteuergerät liefert an die Motorsteuerung den Leistungsbedarf des Klimakompressors, damit dieser bei der Berechnung des Motormoments berücksichtigt werden kann.

- Kombiinstrument: Die Motorsteuerung liefert an das Kombiinstrument Informationen wie den aktuellen Kraftstoffverbrauch oder die aktuelle Motordrehzahl zur Information des Fahrers.

- Wegfahrsperre: Das Wegfahrsperren-Steuergerät hat die Aufgabe, eine unberechtigte Nutzung des Fahrzeugs zu verhindern. Hierzu wird ein Start der Motorsteuerung durch die Wegfahrsperre so lange blockiert, bis der Fahrer über den Zündschlüssel eine Freigabe erteilt hat und das Wegfahrsperren-Steuergerät den Start freigibt.

Systembeispiele

Die Motorsteuerung umfasst alle Komponenten, die für die Steuerung eines Ottomotors notwendig sind. Der Umfang des Systems wird durch die Anforderungen bezüglich der Motorleistung (z. B. Abgasturboaufladung), des Kraftstoffverbrauchs sowie der jeweils geltenden Abgasgesetzgebung bestimmt. Die kalifornische Abgas- und Diagnosegesetzgebung (CARB) stellt besonders hohe Anforderungen an das Diagnosesystem der Motorsteuerung. Einige abgasrelevante Systeme können nur mithilfe zusätzlicher Komponenten diagnostiziert werden (z. B. das Kraftstoffverdunstungs-Rückhaltesystem).

Im Lauf der Entwicklungsgeschichte entstanden Motorsteuerungs-Generationen (z. B. Bosch M1, M3, ME7, MED17), die sich in erster Linie durch den Hardwareaufbau unterscheiden. Wesentliches Unterscheidungsmerkmal sind die Mikrocontrollerfamilie, die Peripherie- und die Endstufenbausteine (Chipsatz). Aus den Anforderungen verschiedener Fahrzeughersteller ergeben sich verschiedene Hardwarevarianten. Neben den nachfolgend beschriebenen Ausführungen gibt es auch Motorsteuerungs-Systeme mit integrierter Getriebesteuerung (z. B. Bosch MG- und MEG-Motronic). Sie sind aufgrund der hohen Hardware-Anforderungen jedoch nicht verbreitet.

Motorsteuerung mit mechanischer Drosselklappe

Für Ottomotoren mit Saugrohreinspritzung kann die Luftversorgung über eine mechanisch verstellbare Drosselklappe erfolgen. Das Fahrpedal ist über ein Gestänge oder einen Seilzug mit der Drosselklappe verbunden. Die Fahrpedalstellung legt den Öffnungsquerschnitt der Drosselklappe fest und steuert damit den durch das Saugrohr in die Zylinder einströmenden Luftmassenstrom.

4 Komponenten für die elektronische Steuerung und Regelung eines Ottomotors mit Saugrohreinspritzung und elektrisch angesteuerter Drossel-klappe

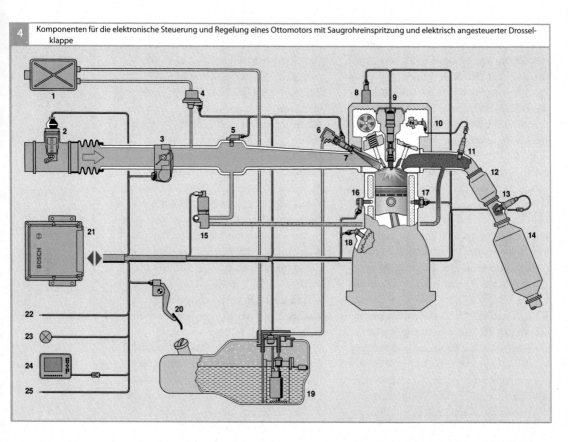

Bild 4
1 Aktivkohlebehälter
2 Heißfilm-Luftmassenmesser
3 elektrisch angesteuerte Drosselklappe
4 Tankentlüftungsventil
5 Saugrohrdrucksensor
6 Kraftstoff-Verteilerrohr
7 Einspritzventil
8 Aktoren und Sensoren für variable
   Nockenwellensteuerung
9 Zündspule mit Zündkerze
10 Nockenwellen-Phasensensor
11 λ-Sonde vor dem Vorkatalysator
12 Vorkatalysator
13 λ-Sonde nach dem Vorkatalysator

14 Hauptkatalysator
15 Abgasrückführventil
16 Klopfsensor
17 Motortemperatursensor
18 Drehzahlsensor
19 Kraftstofffördermodul mit
   Elektrokraftstoffpumpe
20 Fahrpedalmodul
21 Motorsteuergerät
22 CAN-Schnittstelle
23 Motorkontrollleuchte
24 Diagnoseschnittstelle
25 Schnittstelle zur Wegfahrsperre

Über einen Leerlaufsteller (Bypass) kann ein definierter Luftmassenstrom an der Drosselklappe vorbeigeführt werden. Mit dieser Zusatzluft kann im Leerlauf die Drehzahl auf einen konstanten Wert geregelt werden. Das Motorsteuergerät steuert hierzu den Öffnungsquerschnitt des Bypasskanals. Dieses System hat für Neuentwicklungen im europäischen und nordamerikanischen Markt keine Bedeutung mehr, es wurde durch Systeme mit elektrisch angesteuerter Drosselklappe abgelöst.

Motorsteuerung mit elektrisch angesteuerter Drosselklappe
Bei aktuellen Fahrzeugen mit Saugrohrein-spritzung erfolgt eine elektronische Motor-leistungssteuerung. Zwischen Fahrpedal und

5 Komponenten für die elektronische Steuerung und Regelung eines Ottomotors mit Benzin-Direkteinspritzung

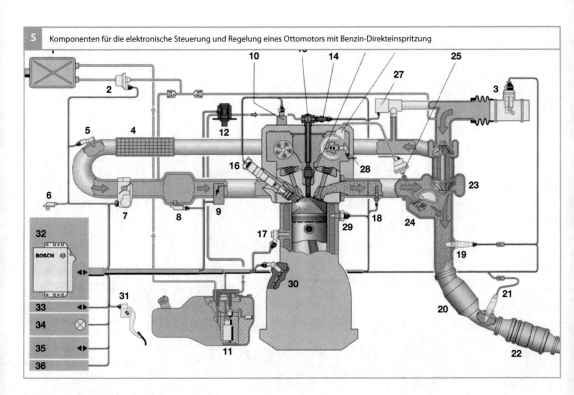

Drosselklappe ist keine mechanische Verbindung mehr vorhanden. Die Stellung des Fahrpedals, d. h. der Fahrerwunsch, wird von einem Potentiometer am Fahrpedal (Pedalwegsensor im Fahrpedalmodul, Bild 4, Pos. 20) erfasst und in Form eines analogen Spannungssignals vom Motorsteuergerät (21) eingelesen. Im Steuergerät werden Signale erzeugt, die den Öffnungsquerschnitt der elektrisch angesteuerten Drosselklappe (3) so einstellen, dass der Verbrennungsmotor das geforderte Drehmoment einstellt.

Motorsteuerung für Benzin-Direkteinspritzung

Mit der Einführung der Direkteinspritzung beim Ottomotor (Benzin-Direkteinspritzung, BDE) wurde ein Steuerungskonzept erforderlich, das verschiedene Betriebsarten in einem Steuergerät koordiniert. Beim Homogenbetrieb wird das Einspritzventil so

Bild 5

1 Aktivkohlebehälter
2 Tankentlüftungsventil
3 Heißfilm-Luftmassenmesser
4 Ladeluftkühler
5 kombinierter Ladedruck- und Ansauglufttemperatursensor
6 Umgebungsdrucksensor
7 Drosselklappe
8 Saugrohrdrucksensor
9 Ladungsbewegungsklappe
10 Nockenwellenversteller
11 Kraftstofffördermodul mit Elektrokraftstoffpumpe
12 Hochdruckpumpe
13 Kraftstoffverteilerrohr
14 Hochdrucksensor
15 Hochdruck-Einspritzventil
16 Zündspule mit Zündkerze
17 Klopfsensor

18 Abgastemperatursensor
19 λ-Sonde
20 Vorkatalysator
21 λ-Sonde
22 Hauptkatalysator
23 Abgasturbolader
24 Waste-Gate
25 Waste-Gate-Steller
26 Vakuumpumpe
27 Schubumluftventil
28 Nockenwellen-Phasensensor
29 Motortemperatursensor
30 Drehzahlsensor
31 Fahrpedalmodul
32 Motorsteuergerät
33 CAN-Schnittstelle
34 Motorkontrollleuchte
35 Diagnoseschnittstelle
36 Schnittstelle zur Wegfahrsperre

6   Komponenten für die elektronische Steuerung und Regelung eines Ottomotors mit wahlweise Erdgas- oder Benzin-Betrieb (Bifuel-System)

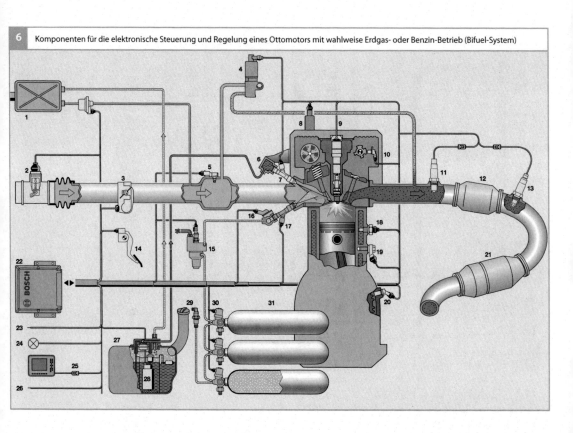

Bild 6

1   Aktivkohlebehälter mit Tankentlüftungsventil
2   Heißfilm-Luftmassenmesser
3   elektrisch angesteuerte Drosselklappe
4   Abgasrückführventil
5   Saugrohrdrucksensor
6   Kraftstoff-Verteilerrohr
7   Benzin-Einspritzventil
8   Aktoren und Sensoren für variable Nockenwellensteuerung
9   Zündspule mit Zündkerze
10 Nockenwellen-Phasensensor
11 λ-Sonde vor dem Vorkatalysator
12 Vorkatalysator
13 λ-Sonde nach dem Vorkatalysator
14 Fahrpedalmodul
15 Erdgas-Druckregler
16 Erdgas-Rail mit Erdgas-Druck- und Temperatursensor

17 Erdgas-Einblasventil
18 Motortemperatursensor
19 Klopfsensor
20 Drehzahlsensor
21 Hauptkatalysator
22 Motorsteuergerät
23 CAN-Schnittstelle
24 Motorkontrollleuchte
25 Diagnoseschnittstelle
26 Schnittstelle zur Wegfahrsperre
27 Kraftstoffbehälter
28 Kraftstofffördermodul mit Elektrokraftstoffpumpe
29 Einfüllstutzen für Benzin und Erdgas
30 Tankabsperrventile
31 Erdgastank

angesteuert, dass sich eine homogene Luft-Kraftstoff-Gemischverteilung im Brennraum ergibt. Dazu wird der Kraftstoff in den Saughub eingespritzt. Beim Schichtbetrieb wird durch eine späte Einspritzung während des Verdichtungshubs, kurz vor der Zündung, eine lokal begrenzte Gemischwolke im Zündkerzenbereich erzeugt.

Seit einigen Jahren finden zunehmend BDE-Konzepte, bei denen der Motor im gesamten Betriebsbereich homogen und stöchiometrisch (mit $\lambda = 1$) betrieben wird, in Verbindung mit Turboaufladung eine immer größere Verbreitung. Bei diesen Konzepten kann der Kraftstoffverbrauch bei vergleichbarer Motorleistung durch eine Verringerung des Hubvolumens (Downsizing) des Motors gesenkt werden.

Beim Schichtbetrieb wird der Motor mit einem mageren Luft-Kraftstoff-Gemisch (bei $\lambda > 1$) betrieben. Hierdurch lässt sich insbesondere im Teillastbereich der Kraftstoffverbrauch verringern. Durch den Magerbetrieb ist bei dieser Betriebsart eine aufwendigere Abgasnachbehandlung zur Reduktion der NO_x-Emissionen notwendig.

Bild 5 zeigt ein Beispiel der Steuerung eines BDE-Systems mit Turboaufladung und stöchiometrischem Homogenbetrieb. Dieses System besitzt ein Hochdruck-Einspritzsystem bestehend aus Hochdruckpumpe mit Mengensteuerventil (12), Kraftstoff-Verteilerrohr (13) mit Hochdrucksensor (14) und Hochdruck-Einspritzventil (15). Der Kraftstoffdruck wird in Abhängigkeit vom Betriebspunkt in Bereichen zwischen 3 und 20 MPa geregelt. Der Ist-Druck wird mit dem Hochdrucksensor erfasst. Die Regelung auf den Sollwert erfolgt durch das Mengensteuerventil.

Motorsteuerung für Erdgas-Systeme

Erdgas, auch CNG (Compressed Natural Gas) genannt, gewinnt aufgrund der günstigen CO_2-Emissionen zunehmend an Bedeutung als Kraftstoffalternative für Ottomotoren. Aufgrund der vergleichsweise geringen Tankstellendichte sind heutige Fahrzeuge überwiegend mit Bifuel-Systemen ausgestattet, die einen Betrieb wahlweise mit Erdgas oder Benzin ermöglichen. Bifuel-Systeme gibt es heute für Motoren mit Saugrohreinspritzung und mit Benzin-Direkteinspritzung.

Die Motorsteuerung für Bifuel-Systeme enthält alle Komponenten für die Saugrohreinspritzung bzw. Benzin-Direkteinspritzung. Zusätzlich enthält diese Motorsteuerung die Komponenten für das Erdgassystem (**Bild 6**). Während bei Nachrüstsystemen die Steuerung des Erdgasbetriebs über eine externe Einheit vorgenommen

wird, ist sie bei der Bifuel-Motorsteuerung integriert. Das Sollmoment des Motors und die den Betriebszustand charakterisierenden Größen werden im Bifuel-Steuergerät nur einmal gebildet. Durch die physikalisch basierten Funktionen der Momentenstruktur ist eine einfache Integration der für den Gasbetrieb spezifischen Parameter möglich.

Umschaltung der Kraftstoffart
Je nach Motorauslegung kann es sinnvoll sein, bei hoher Lastanforderung automatisch in die Kraftstoffart zu wechseln, die die maximale Motorleistung ermöglicht. Weitere automatische Umschaltungen können darüber hinaus sinnvoll sein, um z. B. eine spezifische Abgasstrategie zu realisieren und den Katalysator schneller aufzuheizen oder generell ein Kraftstoffmanagement durchzuführen. Bei automatischen Umschaltungen ist es jedoch wichtig, dass diese momentenneutral umgesetzt werden, d. h. für den Fahrer nicht wahrnehmbar sind.

Die Bifuel-Motorsteuerung erlaubt den Betriebsstoffwechsel auf verschiedene Arten. Eine Möglichkeit ist der direkte Wechsel, vergleichbar mit einem Schalter. Dabei darf keine Einspritzung abgebrochen werden, sonst bestünde im befeuerten Betrieb die Gefahr von Aussetzern. Die plötzliche Gaseinblasung hat gegenüber dem Benzinbetrieb jedoch eine größere Volumenverdrängung zur Folge, sodass der Saugrohrdruck ansteigt und die Zylinderfüllung durch die Umschaltung um ca. 5 % abnimmt. Dieser Effekt muss durch eine größere Drosselklappenöffnung berücksichtigt werden. Um das Motormoment bei der Umschaltung unter Last konstant zu halten, ist ein zusätzlicher Eingriff auf die Zündwinkel notwendig, der eine schnelle Änderung des Drehmoments ermöglicht.

Eine weitere Möglichkeit der Umschaltung ist die Überblendung von Benzin- zu

Gasbetrieb. Zum Wechsel in den Gasbetrieb wird die Benzineinspritzung durch einen Aufteilungsfaktor reduziert und die Gaseinblasung entsprechend erhöht. Dadurch werden Sprünge in der Luftfüllung vermieden. Zusätzlich ergibt sich die Möglichkeit, eine veränderte Gasqualität mit der λ-Regelung während der Umschaltung zu korrigieren. Mit diesem Verfahren ist die Umschaltung auch bei hoher Last ohne merkbare Momentenänderung durchführbar.

Bei Nachrüstsystemen besteht häufig keine Möglichkeit, die Betriebsarten für Benzin und Erdgas koordiniert zu wechseln. Zur Vermeidung von Momentensprüngen wird deshalb bei vielen Systemen die Umschaltung nur während der Schubphasen durchgeführt.

Systemstruktur

Die starke Zunahme der Komplexität von Motorsteuerungs-Systemen aufgrund neuer Funktionalitäten erfordert eine strukturierte Systembeschreibung. Basis für die bei Bosch verwendete Systembeschreibung ist die Drehmomentstruktur. Alle Drehmomentanforderungen an den Motor werden von der Motorsteuerung als Sollwerte entgegengenommen und zentral koordiniert. Das geforderte Drehmoment wird berechnet und über folgende Stellgrößen eingestellt:

- den Winkel der elektrisch ansteuerbaren Drosselklappe,
- den Zündwinkel,
- Einspritzausblendungen,
- Ansteuern des Waste-Gates bei Motoren mit Abgasturboaufladung,
- die eingespritzte Kraftstoffmenge bei Motoren im Magerbetrieb.

Bild 7 zeigt die bei Bosch für Motorsteuerungs-Systeme verwendete Systemstruktur

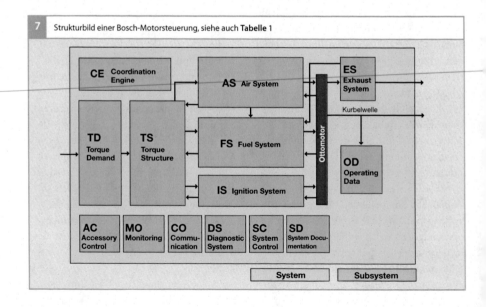

7   Strukturbild einer Bosch-Motorsteuerung, siehe auch **Tabelle 1**

Abkürzung	Englische Bezeichnung	Deutsche Bezeichnung
ABB	Air System Brake Booster	Bremskraftverstärkersteuerung
ABC	Air System Boost Control	Ladedrucksteuerung
AC	Accessory Control	Nebenaggregatesteuerung
ACA	Accessory Control Air Condition	Klimasteuerung
ACE	Accessory Control Electrical Machines	Steuerung elektrische Aggregate
ACF	Accessory Control Fan Control	Lüftersteuerung
ACS	Accessory Control Steering	Ansteuerung Lenkhilfepumpe
ACT	Accessory Control Thermal Management	Thermomanagement
ADC	Air System Determination of Charge	Luftfüllungsberechnung
AEC	Air System Exhaust Gas Recirculation	Abgasrückführungssteuerung
AIC	Air System Intake Manifold Control	Saugrohrsteuerung
AS	Air System	Luftsystem
ATC	Air System Throttle Control	Drosselklappensteuerung
AVC	Air System Valve Control	Ventilsteuerung
CE	Coordination Engine	Koordination Motorbetriebszustände und -arten
CEM	Coordination Engine Operation	Koordination Motorbetriebsarten
CES	Coordination Engine States	Koordination Motorbetriebszustände
CO	Communication	Kommunikation
COS	Communication Security Access	Kommunikation Wegfahrsperre
COU	Communication User-Interface	Kommunikationsschnittstelle
COV	Communication Vehicle Interface	Datenbuskommunikation
DS	Diagnostic System	Diagnosesystem
DSM	Diagnostic System Manager	Diagnosesystemmanager
EAF	Exhaust System Air Fuel Control	λ-Regelung
ECT	Exhaust System Control of Temperature	Abgastemperaturregelung
EDM	Exhaust System Description and Modeling	Beschreibung und Modellierung Abgassystem
ENM	Exhaust System NO_x Main Catalyst	Regelung NO_x-Speicherkatalysator
ES	Exhaust System	Abgassystem
ETF	Exhaust System Three Way Front Catalyst	Regelung Dreiwegevorkatalysator
ETM	Exhaust System Main Catalyst	Regelung Dreiwegehauptkatalysator
FEL	Fuel System Evaporative Leak Detection	Tankleckerkennung
FFC	Fuel System Feed Forward Control	Kraftstoff-Vorsteuerung
FIT	Fuel System Injection Timing	Einspritzausgabe
FMA	Fuel System Mixture Adaptation	Gemischadaption

Abkürzung	Englische Bezeichnung	Deutsche Bezeichnung
FPC	Fuel Purge Control	Tankentlüftung
FS	Fuel System	Kraftstoffsystem
FSS	Fuel Supply System	Kraftstoffversorgungssystem
IGC	Ignition Control	Zündungssteuerung
IKC	Ignition Knock Control	Klopfregelung
IS	Ignition System	Zündsystem
MO	Monitoring	Überwachung
MOC	Microcontroller Monitoring	Rechnerüberwachung
MOF	Function Monitoring	Funktionsüberwachung
MOM	Monitoring Module	Überwachungsmodul
MOX	Extended Monitoring	Erweiterte Funktionsüberwachung
OBV	Operating Data Battery Voltage	Batteriespannungserfassung
OD	Operating Data	Betriebsdaten
OEP	Operating Data Engine Position Management	Erfassung Drehzahl und Winkel
OMI	Misfire Detection	Aussetzererkennung
OTM	Operating Data Temperature Measurement	Temperaturerfassung
OVS	Operating Data Vehicle Speed Control	Fahrgeschwindigkeitserfassung
SC	System Control	Systemsteuerung
SD	System Documentation	Systembeschreibung
SDE	System Documentation Engine Vehicle ECU	Systemdokumentation Motor, Fahrzeug, Motorsteuerung
SDL	System Documentation Libraries	Systemdokumentation Funktionsbibliotheken
SYC	System Control ECU	Systemsteuerung Motorsteuerung
TCD	Torque Coordination	Momentenkoordination
TCV	Torque Conversion	Momentenumsetzung
TD	Torque Demand	Momentenanforderung
TDA	Torque Demand Auxiliary Functions	Momentenanforderung Zusatzfunktionen
TDC	Torque Demand Cruise Control	Momentenanforderung Fahrgeschwindigkeitsregler
TDD	Torque Demand Driver	Fahrerwunschmoment
TDI	Torque Demand Idle Speed Control	Momentenanforderung Leerlaufdrehzahlregelung
TDS	Torque Demand Signal Conditioning	Momentenanforderung Signalaufbereitung
TMO	Torque Modeling	Motordrehmoment-Modell
TS	Torque Structure	Drehmomentenstruktur

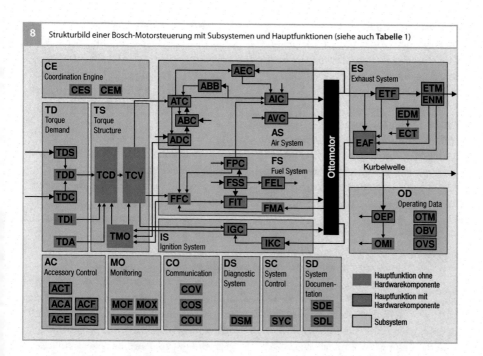

8 Strukturbild einer Bosch-Motorsteuerung mit Subsystemen und Hauptfunktionen (siehe auch **Tabelle** 1)

mit den verschiedenen Subsystemen. Die einzelnen Blöcke und Bezeichnungen (vgl. Tabelle 1) werden im Folgenden näher erläutert.

In Bild 7 ist die Motorsteuerung als System bezeichnet. Als Subsystem werden die verschiedenen Bereiche innerhalb des Systems bezeichnet. Einige Subsysteme sind im Steuergerät rein softwaretechnisch ausgebildet (z. B. die Drehmomentstruktur), andere Subsysteme enthalten auch Hardware-Komponenten (z. B. das Kraftstoffsystem mit den Einspritzventilen). Die Subsysteme sind durch definierte Schnittstellen miteinander verbunden.

Durch die Systemstruktur wird die Motorsteuerung aus der Sicht des funktionalen Ablaufs beschrieben. Das System umfasst das Steuergerät (mit Hardware und Software) sowie externe Komponenten (Aktoren, Sensoren und mechanische Komponenten), die mit dem Steuergerät elektrisch verbunden sein können. Die Systemstruktur (Bild 8)

gliedert dieses System nach funktionalen Kriterien hierarchisch in 14 Subsysteme (z. B. Luftsystem, Kraftstoffsystem), die wiederum in ca. 70 Hauptfunktionen (z. B. Ladedruckregelung, λ-Regelung) unterteilt sind (Tabelle 1).

Seit Einführung der Drehmomentstruktur werden die Drehmomentanforderungen an den Motor in den Subsystemen *Torque Demand* und *Torque Structure* zentral koordiniert. Die Füllungssteuerung durch die elektrisch verstellbare Drosselklappe ermöglicht das Einstellen der vom Fahrer über das Fahrpedal vorgegebenen Drehmomentanforderung (Fahrerwunsch). Gleichzeitig können alle zusätzlichen Drehmomentanforderungen, die sich aus dem Fahrbetrieb ergeben (z. B. beim Zuschalten des Klimakompressors), in der Drehmomentstruktur koordiniert werden. Die Momentenkoordination ist mittlerweile so strukturiert, dass sowohl Benzin- als auch Dieselmotoren damit betrieben werden können.

Subsysteme und Hauptfunktionen
Im Folgenden wird ein Überblick über die wesentlichen Merkmale der in einer Motorsteuerung implementierten Hauptfunktionen gegeben.

System Documentation
Unter *System Documentation* (SD) sind die technischen Unterlagen zur Systembeschreibung zusammengefasst (z. B. Steuergerätebeschreibung, Motor- und Fahrzeugdaten sowie Konfigurationsbeschreibungen).

System Control
Im Subsystem *System Control* (SC, Systemsteuerung) sind die den Rechner steuernden Funktionen zusammengefasst. In der Hauptfunktion *System Control ECU* (SYC, Systemzustandssteuerung), werden die Zustände des Mikrocontrollers beschrieben:
- Initialisierung (Systemhochlauf),
- Running State (Normalzustand, hier werden die Hauptfunktionen abgearbeitet),
- Steuergerätenachlauf (z. B. für Lüfternachlauf oder Hardwaretest).

Coordination Engine
Im Subsystem *Coordination Engine (CE)* werden sowohl der Motorstatus als auch die Motor-Betriebsdaten koordiniert. Dies erfolgt an zentraler Stelle, da abhängig von dieser Koordination viele weitere Funktionalitäten im gesamten System der Motorsteuerung betroffen sind. Die Hauptfunktion *Coordination Engine States* (CES, Koordination Motorstatus), beinhaltet sowohl die verschiedenen Motorzustände wie Start, laufender Betrieb und abgestellter Motor als auch Koordinationsfunktionen für Start-Stopp-Systeme und zur Einspritzaktivierung (Schubabschalten, Wiedereinsetzen).

In der Hauptfunktion *Coordination Engine Operation* (CEM, Koordination Motorbetriebsdaten) werden die Betriebsarten für die Benzin-Direkteinspritzung koordiniert und umgeschaltet. Zur Bestimmung der Soll-Betriebsart werden die Anforderungen unterschiedlicher Funktionalitäten unter Berücksichtigung von festgelegten Prioritäten im Betriebsartenkoordinator koordiniert.

Torque Demand
In der betrachteten Systemstruktur werden alle Drehmomentanforderungen an den Motor konsequent auf Momentenebene koordiniert. Das Subsystem *Torque Demand (TD)* erfasst alle Drehmomentanforderungen und stellt sie dem Subsystem *Torque Structure (TS)* als Eingangsgrößen zur Verfügung (Bild 8).

Die Hauptfunktion *Torque Demand Signal Conditioning* (TDS, Momentenanforderung Signalaufbereitung), beinhaltet im Wesentlichen die Erfassung der Fahrpedalstellung. Sie wird mit zwei unabhängigen Winkelsensoren erfasst und in einen normierten Fahrpedalwinkel umgerechnet. Durch verschiedene Plausibilitätsprüfungen wird dabei sichergestellt, dass bei einem Einfachfehler der normierte Fahrpedalwinkel keine höheren Werte annehmen kann, als es der tatsächlichen Fahrpedalstellung entspricht.

Die Hauptfunktion *Torque Demand Driver* (TDD, Fahrerwunsch), berechnet aus der Fahrpedalstellung einen Sollwert für das Motordrehmoment. Darüber hinaus wird die Fahrpedalcharakteristik festgelegt.

Die Hauptfunktion *Torque Demand Cruise Control* (TDC, Fahrgeschwindigkeitsregler) hält die Geschwindigkeit des Fahrzeugs in Abhängigkeit von der über eine Bedieneinrichtung eingestellte Sollgeschwindigkeit bei nicht betätigtem Fahrpedal konstant, sofern dies im Rahmen des einstellbaren Motordrehmoments möglich ist. Zu den wichtigsten Abschaltbedingungen dieser Funktion zählen die Betätigung der „Aus-Taste" an der Bedieneinrichtung, die Betätigung von

Bremse oder Kupplung sowie die Unterschreitung der erforderlichen Minimalgeschwindigkeit.

Die Hauptfunktion *Torque Demand Idle Speed Control* (TDI, Leerlaufdrehzahlregelung) regelt die Drehzahl des Motors bei nicht betätigtem Fahrpedal auf die Leerlaufdrehzahl ein. Der Sollwert der Leerlaufdrehzahl wird so vorgegeben, dass stets ein stabiler und ruhiger Motorlauf gewährleistet ist. Dementsprechend wird der Sollwert bei bestimmten Betriebsbedingungen (z. B. bei kaltem Motor) gegenüber der Nennleerlaufdrehzahl erhöht. Erhöhungen sind auch zur Unterstützung des Katalysator-Heizens, zur Leistungssteigerung des Klimakompressors oder bei ungenügender Ladebilanz der Batterie möglich. Die Hauptfunktion *Torque Demand Auxiliary Functions* (TDA, Drehmomente intern) erzeugt interne Momentenbegrenzungen und -anforderungen (z. B. zur Drehzahlbegrenzung oder zur Dämpfung von Ruckelschwingungen).

Torque Structure

Im Subsystem *Torque Structure* (TS, Drehmomentstruktur, Bild 8) werden alle Drehmomentanforderungen koordiniert. Das Drehmoment wird dann vom Luft-, Kraftstoff- und Zündsystem eingestellt. Die Hauptfunktion *Torque Coordination* (TCD, Momentenkoordination) koordiniert alle Drehmomentanforderungen. Die verschiedenen Anforderungen (z. B. vom Fahrer oder von der Drehzahlbegrenzung) werden priorisiert und abhängig von der aktuellen Betriebsart in Drehmoment-Sollwerte für die Steuerpfade umgerechnet.

Die Hauptfunktion *Torque Conversion* (TCV, Momentenumsetzung), berechnet aus den Sollmoment-Eingangsgrößen die Sollwerte für die relative Luftmasse, das Luftverhältnis λ und den Zündwinkel sowie die Einspritzausblendung (z. B. für das Schubabschalten). Der Luftmassensollwert wird so berechnet, dass sich das geforderte Drehmoment des Motors in Abhängigkeit vom applizierten Luftverhältnis λ und dem applizierten Basiszündwinkel einstellt.

Die Hauptfunktion *Torque Modelling* (TMO, Momentenmodell Drehmoment) berechnet aus den aktuellen Werten für Füllung, Luftverhältnis λ, Zündwinkel, Reduzierstufe (bei Zylinderabschaltung) und Drehzahl ein theoretisch optimales indiziertes Drehmoment des Motors. Das indizierte Moment ist dabei das Drehmoment, das sich aufgrund des auf den Kolben wirkenden Gasdrucks ergibt. Das tatsächliche Moment ist aufgrund von Verlusten geringer als das indizierte Moment. Mittels einer Wirkungsgradkette wird ein indiziertes Ist-Drehmoment gebildet. Die Wirkungsgradkette beinhaltet drei verschiedene Wirkungsgrade: den Ausblendwirkungsgrad (proportional zu der Anzahl der befeuerten Zylinder), den Zündwinkelwirkungsgrad (ergibt sich aus der Verschiebung des Ist-Zündwinkels vom optimalen Zündwinkel) und den λ-Wirkungsgrad (ergibt sich aus der Wirkungsgradkennlinie als Funktion des Luftverhältnisses λ).

Air System

Im Subsystem *Air System* (AS, Luftsystem, Bild 8) wird die für das umzusetzende Moment benötigte Füllung eingestellt. Darüber hinaus sind Abgasrückführung, Ladedruckregelung, Saugrohrumschaltung, Ladungsbewegungssteuerung und Ventilsteuerung Teil des Luftsystems.

In der Hauptfunktion *Air System Throttle Control* (ATC, Drosselklappensteuerung) wird aus dem Soll-Luftmassenstrom die Sollposition für die Drosselklappe gebildet, die den in das Saugrohr einströmenden Luftmassenstrom bestimmt.

Die Hauptfunktion *Air System Determination of Charge* (ADC, Luftfüllungsberechnung) ermittelt mithilfe der zur Verfügung stehenden Lastsensoren die aus Frischluft und Inertgas bestehende Zylinderfüllung. Aus den Luftmassenströmen werden die Druckverhältnisse im Saugrohr mit einem Saugrohrdruckmodell modelliert.

Die Hauptfunktion *Air System Intake Manifold Control* (AIC, Saugrohrsteuerung) berechnet die Sollstellungen für die Saugrohr- und die Ladungsbewegungsklappe.

Der Unterdruck im Saugrohr ermöglicht die Abgasrückführung, die in der Hauptfunktion *Air System Exhaust Gas Recirculation* (AEC, Abgasrückführungssteuerung) berechnet und eingestellt wird.

Die Hauptfunktion *Air System Valve Control* (AVC, Ventilsteuerung) berechnet die Sollwerte für die Einlass- und die Auslassventilpositionen und stellt oder regelt diese ein. Dadurch kann die Menge des intern zurückgeführten Restgases beeinflusst werden.

Die Hauptfunktion *Air System Boost Control* (ABC, Ladedrucksteuerung) übernimmt die Berechnung des Ladedrucks für Motoren mit Abgasturboaufladung und stellt die Stellglieder für dieses System.

Motoren mit Benzin-Direkteinspritzung werden teilweise im unteren Lastbereich mit Schichtladung ungedrosselt gefahren. Im Saugrohr herrscht damit annähernd Umgebungsdruck. Die Hauptfunktion *Air System Brake Booster* (ABB, Bremskraftverstärkersteuerung) sorgt durch Anforderung einer Androsselung dafür, dass im Bremskraftverstärker immer ausreichend Unterdruck herrscht.

Fuel System

Im Subsystem *Fuel System* (FS, Kraftstoffsystem, **Bild 8**) werden kurbelwellensynchron die Ausgabegrößen für die Einspritzung berechnet, also die Zeitpunkte der Einspritzungen und die Menge des einzuspritzenden Kraftstoffs.

Die Hauptfunktion *Fuel System Feed Forward Control* (FFC, Kraftstoff-Vorsteuerung) berechnet die aus der Soll-Füllung, dem λ-Sollwert, additiven Korrekturen (z. B. Übergangskompensation) und multiplikativen Korrekturen (z. B. Korrekturen für Start, Warmlauf und Wiedereinsetzen) die Soll-Kraftstoffmasse. Weitere Korrekturen kommen von der λ-Regelung, der Tankentlüftung und der Luft-Kraftstoff-Gemischadaption. Bei Systemen mit Benzin-Direkteinspritzung werden für die Betriebsarten spezifische Werte berechnet (z. B. Einspritzung in den Ansaugtakt oder in den Verdichtungstakt, Mehrfacheinspritzung).

Die Hauptfunktion *Fuel System Injection Timing* (FIT, Einspritzausgabe) berechnet die Einspritzdauer und die Kurbelwinkelposition der Einspritzung und sorgt für die winkelsynchrone Ansteuerung der Einspritzventile. Die Einspritzzeit wird auf der Basis der zuvor berechneten Kraftstoffmasse und Zustandsgrößen (z. B. Saugrohrdruck, Batteriespannung, Raildruck, Brennraumdruck) berechnet.

Die Hauptfunktion *Fuel System Mixture Adaptation* (FMA, Gemischadaption), verbessert die Vorsteuergenauigkeit des λ-Werts durch Adaption längerfristiger Abweichungen des λ-Reglers vom Neutralwert. Bei kleinen Füllungen wird aus der Abweichung des λ-Reglers ein additiver Korrekturterm gebildet, der bei Systemen mit Heißfilm-Luftmassenmesser (HFM) in der Regel kleine Saugrohrleckagen widerspiegelt oder bei Systemen mit Saugrohrdrucksensor den Restgas- und den Offset-Fehler des Drucksensors ausgleicht. Bei größeren Füllungen wird ein multiplikativer Korrekturfaktor ermittelt, der im Wesentlichen Steigungsfehler des Heißfilm-Luftmassenmessers, Abweichungen des Raildruckreglers (bei Systemen mit Direkteinspritzung) und Kennlinien-Steigungsfehler der Einspritzventile repräsentiert.

Die Hauptfunktion *Fuel Supply System*

(FSS, Kraftstoffversorgungssystem) hat die Aufgabe, den Kraftstoff aus dem Kraftstoffbehälter in der geforderten Menge und mit dem vorgegebenen Druck in das Kraftstoffverteilerrohr zu fördern. Der Druck kann bei bedarfsgesteuerten Systemen zwischen 200 und 600 kPa geregelt werden, die Rückmeldung des Ist-Werts geschieht über einen Drucksensor. Bei der Benzin-Direkteinspritzung enthält das Kraftstoffversorgungssystem zusätzlich einen Hochdruckkreis mit der Hochdruckpumpe und dem Drucksteuerventil oder der bedarfsgesteuerten Hochdruckpumpe mit Mengensteuerventil. Damit kann im Hochdruckkreis der Druck abhängig vom Betriebspunkt variabel zwischen 3 und 20 MPa geregelt werden. Die Sollwertvorgabe wird betriebspunktabhängig berechnet, der Ist-Druck über einen Hochdrucksensor erfasst.

Die Hauptfunktion *Fuel System Purge Control* (FPC, Tankentlüftung) steuert während des Motorbetriebs die Regeneration des im Tank verdampften und im Aktivkohlebehälter des Kraftstoffverdunstungs-Rückhaltesystems gesammelten Kraftstoffs. Basierend auf dem ausgegebenen Tastverhältnis zur Ansteuerung des Tankentlüftungsventils und den Druckverhältnissen wird ein Istwert für den Gesamt-Massenstrom über das Ventil berechnet, der in der Drosselklappensteuerung (ATC) berücksichtigt wird. Ebenso wird ein Ist-Kraftstoffanteil ausgerechnet, der von der Soll-Kraftstoffmasse subtrahiert wird.

Die Hauptfunktion *Fuel System Evaporation Leakage Detection* (FEL, Tankleckerkennung) prüft die Dichtheit des Tanksystems gemäß der kalifornischen OBD-II-Gesetzgebung.

Ignition System
Im *Subsystem Ignition System* (IS, Zündsystem, **Bild 8**) werden die Ausgabegrößen für die Zündung berechnet und die Zündspulen angesteuert.

Die Hauptfunktion *Ignition Control* (IGC, Zündung) ermittelt aus den Betriebsbedingungen des Motors und unter Berücksichtigung von Eingriffen aus der Momentenstruktur den aktuellen Soll-Zündwinkel und erzeugt zum gewünschten Zeitpunkt einen Zündfunken an der Zündkerze. Der resultierende Zündwinkel wird aus dem Grundzündwinkel und betriebspunktabhängigen Zündwinkelkorrekturen und Anforderungen berechnet. Bei der Bestimmung des drehzahl- und lastabhängigen Grundzündwinkels wird – falls vorhanden – auch der Einfluss einer Nockenwellenverstellung, einer Ladungsbewegungsklappe, einer Zylinderbankaufteilung sowie spezieller BDE-Betriebsarten berücksichtigt. Zur Berechnung des frühest möglichen Zündwinkels wird der Grundzündwinkel mit den Verstellwinkeln für Motorwarmlauf, Klopfregelung und – falls vorhanden – Abgasrückführung korrigiert. Aus dem aktuellen Zündwinkel und der notwendigen Ladezeit der Zündspule wird der Einschaltzeitpunkt der Zündungsendstufe berechnet und entsprechend angesteuert.

Die Hauptfunktion *Ignition System Knock Control* (IKC, Klopfregelung) betreibt den Motor wirkungsgradoptimiert an der Klopfgrenze, verhindert aber motorschädigendes Klopfen. Der Verbrennungsvorgang in allen Zylindern wird mittels Klopfsensoren überwacht. Das erfasste Körperschallsignal der Sensoren wird mit einem Referenzpegel verglichen, der über einen Tiefpass zylinderselektiv aus den letzten Verbrennungen gebildet wird. Der Referenzpegel stellt damit das Hintergrundgeräusch des Motors für den klopffreien Betrieb dar. Aus dem Vergleich lässt sich ableiten, um wie viel lauter die aktuelle Verbrennung gegenüber dem Hintergrundgeräusch war. Ab einer bestimmten Schwelle wird Klopfen erkannt. Sowohl bei der Referenzpegelberechnung als auch bei der Klopferkennung können geänderte Betriebsbedingungen (Motordrehzahl, Drehzahldynamik, Lastdynamik) berücksichtigt werden.

Die Klopfregelung gibt – für jeden einzelnen Zylinder – einen Differenzzündwinkel zur Spätverstellung aus, der bei der Berechnung des aktuellen Zündwinkels berücksichtigt wird. Bei einer erkannten klopfenden Verbrennung wird dieser Differenzzündwinkel um einen applizierbaren Betrag vergrößert. Die Zündwinkel-Spätverstellung wird anschließend in kleinen Schritten wieder zurückgenommen, wenn über einen applizierbaren Zeitraum keine klopfende Verbrennung auftritt. Bei einem erkannten Fehler in der Hardware wird eine Sicherheitsmaßnahme (Sicherheitsspätverstellung) aktiviert.

Exhaust System
Das Subsystem *Exhaust System* (ES, Abgassystem) greift in die Luft-Kraftstoff-Gemischbildung ein, stellt dabei das Luftverhältnis λ ein und steuert den Füllzustand der Katalysatoren.

Die Hauptaufgaben der Hauptfunktion *Exhaust System Description and Modelling* (EDM, Beschreibung und Modellierung des Abgassystems) sind vornehmlich die Modellierung physikalischer Größen im Abgastrakt, die Signalauswertung und die Diagnose der Abgastemperatursensoren (sofern vorhanden) sowie die Bereitstellung von Kenngrößen des Abgassystems für die Testerausgabe. Die physikalischen Größen, die modelliert werden, sind Temperatur (z. B. für Bauteileschutz), Druck (primär für Restgaserfassung) und Massenstrom (für λ-Regelung und Katalysatordiagnose). Dane-

ben wird das Luftverhältnis des Abgases bestimmt (für NO_x-Speicherkatalysator-Steuerung und -Diagnose).

Das Ziel der Hauptfunktion *Exhaust System Air Fuel Control* (EAF, λ-Regelung) mit der λ-Sonde vor dem Vorkatalysator ist, das λ auf einen vorgegebenen Sollwert zu regeln, um Schadstoffe zu minimieren, Drehmomentschwankungen zu vermeiden und die Magerlaufgrenze einzuhalten. Die Eingangssignale aus der λ-Sonde hinter dem Hauptkatalysator erlauben eine weitere Minimierung der Emissionen.

Die Hauptfunktion *Exhaust System Three-Way Front Catalyst* (ETF, Steuerung und Regelung des Dreiwegevorkatalysators) verwendet die λ-Sonde hinter dem Vorkatalysator (sofern vorhanden). Deren Signal dient als Grundlage für die Führungsregelung und Katalysatordiagnose. Diese Führungsregelung kann die Luft-Kraftstoff-Gemischregelung wesentlich verbessern und damit ein bestmögliches Konvertierungsverhalten des Katalysators ermöglichen.

Die Hauptfunktion *Exhaust System Three-Way Main Catalyst* (ETM, Steuerung und Regelung des Dreiwegehauptkatalysators) arbeitet im Wesentlichen gleich wie die zuvor beschriebene Hauptfunktion ETF. Die Führungsregelung wird dabei an die jeweilige Katalysatorkonfiguration angepasst.

Die Hauptfunktion *Exhaust System NO_x Main Catalyst* (ENM, Steuerung und Regelung des NO_x-Speicherkatalysators) hat bei Systemen mit Magerbetrieb und NO_x-Speicherkatalysator die Aufgabe, die NO_x-Emissionsvorgaben durch eine an die Erfordernisse des Speicherkatalysators angepasste Regelung des Luft-Kraftstoff-Gemischs einzuhalten.

In Abhängigkeit vom Zustand des Katalysators wird die NO_x-Einspeicherphase beendet und in einen Motorbetrieb mit $\lambda < 1$ übergegangen, der den NO_x-Speicher leert und die gespeicherten NO_x-Emissionen zu N_2 umsetzt.

Die Regenerierung des NO_x-Speicherkatalysators wird in Abhängigkeit vom Sprungsignal der Sonde hinter dem NO_x-Speicherkatalysator beendet. Bei Systemen mit NO_x-Speicherkatalysator sorgt das Umschalten in einen speziellen Modus für die Entschwefelung des Katalysators.

Die Hauptfunktion *Exhaust System Control of Temperature* (ECT, Abgastemperaturregelung) steuert die Temperatur des Abgastrakts mit dem Ziel, das Aufheizen der Katalysatoren nach dem Motorstart zu beschleunigen, das Auskühlen der Katalysatoren im Betrieb zu verhindern, den NO_x-Speicherkatalysator (falls vorhanden) für die Entschwefelung aufzuheizen und eine thermische Schädigung der Komponenten im Abgassystem zu verhindern. Die Temperaturerhöhung wird z. B. durch eine Verstellung des Zündwinkels in Richtung spät vorgenommen. Im Leerlauf kann der Wärmestrom auch durch eine Anhebung der Leerlaufdrehzahl erhöht werden.

Operating Data
Im Subsystem *Operating Data* (OD, Betriebsdaten) werden alle für den Motorbetrieb wichtigen Betriebsparameter erfasst, plausibilisiert und gegebenenfalls Ersatzwerte bereitgestellt.

Die Hauptfunktion *Operating Data Engine Position Management* (OEP, Winkel- und Drehzahlerfassung) berechnet aus den aufbereiteten Eingangssignalen des Kurbelwellen- und Nockenwellensensors die Position der Kurbel- und der Nockenwelle. Aus diesen Informationen wird die Motordrehzahl berechnet. Aufgrund der Bezugsmarke auf dem Kurbelwellengeberrad (zwei fehlende Zähne) und der Charakteristik des Nockenwellensignals erfolgt die Synchronisation zwischen der Motorposition und dem Steu-

ergerät sowie die Überwachung der Synchronisation im laufenden Betrieb. Zur Optimierung der Startzeit wird das Muster des Nockenwellensignals und die Motorabstellposition ausgewertet. Dadurch ist eine schnelle Synchronisation möglich.

Die Hauptfunktion *Operating Data Temperature Measurement* (OTM, Temperaturerfassung) verarbeitet die von Temperatursensoren zur Verfügung gestellten Messsignale, führt eine Plausibilisierung durch und stellt im Fehlerfall Ersatzwerte bereit. Neben der Motor- und der Ansauglufttemperatur werden optional auch die Umgebungstemperatur und die Motoröltemperatur erfasst. Mit anschließender Kennlinienumrechnung wird den eingelesenen Spannungswerten ein Temperaturmesswert zugewiesen.

Die Hauptfunktion *Operating Data Battery Voltage* (OBV, Batteriespannungserfassung) ist für die Bereitstellung der Versorgungsspannungssignale und deren Diagnose zuständig. Die Erfassung des Rohsignals erfolgt über die Klemme 15 und gegebenenfalls über das Hauptrelais.

Die Hauptfunktion *Misfire Detection Irregular Running* (OMI, Aussetzererkennung) überwacht den Motor auf Zünd- und Verbrennungsaussetzer.

Die Hauptfunktion *Operating Data Vehicle Speed* (OVS, Erfassung Fahrzeuggeschwindigkeit) ist für die Erfassung, Aufbereitung und Diagnose des Fahrgeschwindigkeitssignals zuständig. Diese Größe wird u. a. für die Fahrgeschwindigkeitsregelung, die Geschwindigkeitsbegrenzung und beim Handschalter für die Gangerkennung benötigt. Je nach Konfiguration besteht die Möglichkeit, die vom Kombiinstrument bzw. vom ABS- oder vom ESP-Steuergerät über den CAN gelieferten Größen zu verwenden.

Communication

Im Subsystem *Communication (CO, Kommunikation)* werden sämtliche Motorsteuerungs-Hauptfunktionen zusammengefasst, die mit anderen Systemen kommunizieren.

Die Hauptfunktion *Communication User Interface* (COU, Kommunikationsschnittstelle) stellt die Verbindung mit Diagnose- (z. B. Motortester) und Applikationsgeräten her. Die Kommunikation erfolgt über die CAN-Schnittstelle oder die K-Leitung. Für die verschiedenen Anwendungen stehen unterschiedliche Kommunikationsprotokolle zur Verfügung (z. B. KWP 2000, McMess).

Die Hauptfunktion *Communication Vehicle Interface* (COV, Datenbuskommunikation) stellt die Kommunikation mit anderen Steuergeräten, Sensoren und Aktoren sicher.

Die Hauptfunktion *Communication Security Access (COS, Kommunikation Wegfahrsperre)* baut die Kommunikation mit der Wegfahrsperre auf und ermöglicht – optional – die Zugriffssteuerung für eine Umprogrammierung des Flash-EPROM.

Accessory Control

Das Subsystem *Accessory Control* (AC) steuert die Nebenaggregate.

Die Hauptfunktion *Accessory Control Air Condition* (ACA, Klimasteuerung) regelt die Ansteuerung des Klimakompressors und wertet das Signal des Drucksensors in der Klimaanlage aus. Der Klimakompressor wird eingeschaltet, wenn z. B. über einen Schalter eine Anforderung vom Fahrer oder vom Klimasteuergerät vorliegt. Dieses meldet der Motorsteuerung, dass der Klimakompressor eingeschaltet werden soll. Kurze Zeit danach wird er eingeschaltet und der Leistungsbedarf des Klimakompressors wird durch die Drehmomentstruktur bei der Bestimmung des Soll-Drehmoments des Motors berücksichtigt.

Die Hauptfunktion *Accessory Control Fan Control* (ACF, Lüftersteuerung) steuert den Lüfter bedarfsgerecht an und erkennt Fehler am Lüfter und an der Ansteuerung. Wenn der Motor nicht läuft, kann es bei Bedarf einen Lüfternachlauf geben.

Die Hauptfunktion *Accessory Control Thermal Management* (ACT, Thermomanagement) regelt die Motortemperatur in Abhängigkeit des Betriebszustands des Motors. Die Soll-Motortemperatur wird in Abhängigkeit der Motorleistung, der Fahrgeschwindigkeit, des Betriebszustands des Motors und der Umgebungstemperatur ermittelt, damit der Motor schneller seine Betriebstemperatur erreicht und dann ausreichend gekühlt wird. In Abhängigkeit des Sollwerts wird der Kühlmittelvolumenstrom durch den Kühler berechnet und z. B. ein Kennfeldthermostat angesteuert.

Die Hauptfunktion *Accessory Control Electrical Machines* (ACE) ist für die Ansteuerung der elektrischen Aggregate (Starter, Generator) zuständig.

Aufgabe der Hauptfunktion *Accessory Control Steering* (ACS) ist die Ansteuerung der Lenkhilfepumpe.

Monitoring

Das Subsystem *Monitoring* (MO) dient zur Überwachung des Motorsteuergeräts.

Die Hauptfunktion *Function Monitoring* (MOF, Funktionsüberwachung) überwacht alle drehmoment- und drehzahlbestimmenden Elemente der Motorsteuerung. Zentraler Bestandteil ist der Momentenvergleich, der das aus dem Fahrerwunsch errechnete zulässige Moment mit dem aus den Motorgrößen berechneten Ist-Moment vergleicht. Bei zu großem Ist-Moment wird durch geeignete Maßnahmen ein beherrschbarer Zustand sichergestellt.

In der Hauptfunktion *Monitoring Module* (MOM, Überwachungsmodul) sind alle Überwachungsfunktionen zusammengefasst, die zur gegenseitigen Überwachung von Funktionsrechner und Überwachungsmodul beitragen oder diese ausführen. Funktionsrechner und Überwachungsmodul sind Bestandteil des Steuergeräts. Ihre gegenseitige Überwachung erfolgt durch eine ständige Frage-und-Antwort-Kommunikation.

In der Hauptfunktion *Microcontroller Monitoring* (MOC, Rechnerüberwachung) sind alle Überwachungsfunktionen zusammengefasst, die einen Defekt oder eine Fehlfunktion des Rechnerkerns mit Peripherie erkennen können. Beispiele hierfür sind:

- Analog-Digital-Wandler-Test,
- Speichertest für RAM und ROM,
- Programmablaufkontrolle,
- Befehlstest.

Die Hauptfunktion *Extended Monitoring* (MOX) beinhaltet Funktionen zur erweiterten Funktionsüberwachung. Diese legen das plausible Maximaldrehmoment fest, das der Motor abgeben kann.

Diagnostic System
Die Komponenten- sowie System-Diagnose wird in den Hauptfunktionen der Subsysteme durchgeführt. Das *Diagnostic System* (DS, Diagnosesystem) übernimmt die Koordination der verschiedenen Diagnoseergebnisse.

Aufgabe des *Diagnostic System Manager* (DSM) ist es,
- die Fehler zusammen mit den Umweltbedingungen zu speichern,
- die Motorkontrollleuchte anzusteuern,
- die Testerkommunikation aufzubauen,
- den Ablauf der verschiedenen Diagnosefunktionen zu koordinieren (Prioritäten und Sperrbedingungen beachten) und Fehler zu bestätigen.

Verständnisfragen

Die Verständnisfragen dienen dazu, den Wissensstand zu überprüfen. Die Antworten zu den Fragen finden sich in den Abschnitten, auf die sich die jeweilige Frage bezieht. Daher wird hier auf eine explizite „Musterlösung" verzichtet. Nach dem Durcharbeiten des vorliegenden Teils des Fachlehrgangs sollte man dazu in der Lage sein, alle Fragen zu beantworten. Sollte die Beantwortung der Fragen schwer fallen, so wird die Wiederholung der entsprechenden Abschnitte empfohlen.

1. Wie arbeitet ein Ottomotor?
2. Wie ist das Luftverhältnis definiert?
3. Wie erfolgt die Zylinderfüllung?
4. Wie wird die Luftfüllung gesteuert?
5. Wie wird die Füllung erfasst?
6. Welche Arten der Verbrennung gibt es? Wie sind sie charakterisiert?
7. Wie wird das Drehmoment und die Leistung berechnet?
8. Welche Bedeutung hat der spezifische Kraftstoffverbrauch?
9. Wie erfolgt die Kraftstoffförderung bei der Saugrohreinspritzung? Welche verschiedenen Systeme dafür gibt es und wie funktionieren sie?
10. Wie erfolgt die Kraftstoffförderung bei der Benzin-Direkteinspritzung?
11. Welche Ottokraftstoffe gibt es? Durch welche Eigenschaften werden diese charakterisiert?
12. Welche gasförmigen Kraftstoffe gibt es?
13. Was ist eine elektrische Drosselvorrichtung? Wie funktioniert sie?
14. Welche Möglichkeiten zur dynamischen Aufladung gibt es? Wie funktionieren sie?
15. Welche Möglichkeiten zur Aufladung gibt es? Wie funktionieren die entsprechenden Aufladegeräte?
16. Wie wird die Ladungsbewegung gesteuert?
17. Wie erfolgt die Abgasrückführung?
18. Wie funktioniert eine Saugrohreinspritzung?
19. Welche Phasen während eines Startvorgangs gibt es? Wodurch sind diese charakterisiert?
20. Welche Möglichkeiten der Einspritzlage gibt es und wodurch sind sie charakterisiert?
21. Wie erfolgt die Gemischbildung?
22. Wie erfolgt die Benzin-Direkteinspritzung? Welche Brennverfahren und Betriebsarten gibt es? Wie sind diese charakterisiert?
23. Welche Arten der Zündung im Ottomotor gibt es? Wodurch sind diese charakterisiert?
24. Wie ist eine induktive Zündanlage aufgebaut und wie funktioniert sie?
25. Welche Abgangsemissionen und Schadstoffe gibt es?
26. Welche Einflüsse auf die Rohemissionen gibt es?
27. Wie erfolgt die katalytische Abgasreinigung?
28. Welche Katalysator-Heizkonzepte gibt es und wie funktionieren sie?
29. Wie ist ein λ-Regelkreis aufgebaut und wie funktioniert er?

30. Wie wird ein Speicherkatalysator geregelt?

31. Welche Betriebsdaten werden erfasst und wie werden sie verarbeitet?

32. Was ist eine Drehmomentstruktur und wie funktioniert sie?

33. Wie wird die Motorsteuerung überwacht und diagnostiziert?

34. Wie funktioniert eine Motorsteuerung mit elektrischer angesteuerter Drosselklappe?

35. Wie funktioniert eine Motorsteuerung für Benzin-Direkteinspritzung?

36. Wie funktioniert eine Motorsteuerung für Erdgas-Systeme?

37. Wie ist das Strukturbild einer Motorsteuerung aufgebaut? Welche Subsysteme gibt es und wie funktionieren sie?

Abkürzungsverzeichnis

A

ABB	Air System Brake Booster, Bremskraftverstärkersteuerung
ABC	Air System Boost Control, Ladedrucksteuerung
ABS	Antiblockiersystem
AC	Accessory Control, Nebenaggregatesteuerung
ACA	Accessory Control Air Condition, Klimasteuerung
ACC	Adaptive Cruise Control, Adaptive Fahrgeschwindigkeitsregelung
ACE	Accessory Control Electrical Machines, Steuerung elektrische Aggregate
ACF	Accessory Control Fan Control, Lüftersteuerung
ACS	Accessory Control Steering, Ansteuerung Lenkhilfepumpe
ACT	Accessory Control Thermal Management, Thermomanagement
ADC	Air System Determination of Charge, Luftfüllungsberechnung
ADC	Analog Digital Converter, Analog-Digital-Wandler
AEC	Air System Exhaust Gas Recirculation, Abgasrückführungssteuerung
AGR	Abgasrückführung
AIC	Air System Intake Manifold Control, Saugrohrsteuerung
AKB	Aktivkohlebehälter
AKF	Aktivkohlefalle (activated carbon canister)
AKF	Aktivkohlefilter
A_K	Lichte Kolbenfläche
α	Drosselklappenwinkel
Al_2O_3	Aluminiumoxid

AMR	Anisotrop Magneto Resistive
AÖ	Auslassventil Öffnen
APE	Äußere-Pumpen-Elektrode
AS	Air System, Luftsystem
AS	Auslassventil Schließen
ASAM	Association of Standardization of Automation and Measuring, Verein zur Förderung der internationalen Standardisierung von Automatisierungs- und Messsystemen
ASIC	Application Specific Integrated Circuit, anwendungsspezifische integrierte Schaltung
ASR	Antriebsschlupfregelung
ASV	Application Supervisor, Anwendungssupervisor
ASW	Application Software, Anwendungssoftware
ATC	Air System Throttle Control, Drosselklappensteuerung
ATL	Abgasturbolader
AUTOSAR	Automotive Open System Architecture, Entwicklungspartnerschaft zur Standardisierung der Software Architektur im Fahrzeug
AVC	Air System Valve Control, Ventilsteuerung

B

BDE	Benzin Direkteinspritzung
b_e	spezifischer Kraftstoffverbrauch
BMD	Bag Mini Diluter
BSW	Basic Software, Basissoftware

C

C/H	Verhältnis Kohlenstoff zu Wasserstoff im Molekül
C_2	Sekundärkapazität

C_6H_{14}	Hexan		CTL	Coal to Liquid
CAFE	Corporate Average Fuel Economy		CVS	Constant Volume Sampling
CAN	Controller Area Network		CVT	Continuously Variable Transmission
CARB	California Air Resources Board			
CCP	CAN Calibration Protocol, CAN-Kalibrierprotokoll		**D**	
CDrv	Complex Driver, Treibersoftware mit exklusivem Hardware Zugriff		DB	Diffusionsbarriere
			DC	direct current, Gleichstrom
			DE	Device Encapsulation, Treibersoftware für Sensoren und Aktoren
CE	Coordination Engine, Koordination Motorbetriebszustände und -arten		DFV	Dampf-Flüssigkeits-Verhältnis
			DI	Direct Injection, Direkteinspritzung
CEM	Coordination Engine Operation, Koordination Motorbetriebsarten		DMS	Differential Mobility Spectrometer
CES	Coordination Engine States, Koordination Motorbetriebszustände		DoE	Design of Experiments, statistische Versuchsplanung
			DR	Druckregler
CFD	Computational Fluid Dynamics		3D	dreidimensional
CFV	Critical Flow Venturi		DS	Diagnostic System, Diagnosesystem
CH_4	Methan			
CIFI	Zylinderindividuelle Einspritzung, Cylinder Individual Fuel Injection		DSM	Diagnostic System Manager, Diagnosesystemmanager
			DV, E	Drosselvorrichtung, elektrisch
CLD	Chemilumineszenz-Detektor		**E**	
CNG	Compressed Natural Gas, Erdgas		E0	Benzin ohne Ethanol-Beimischung
CO	Communication, Kommunikation		E10	Benzin mit bis zu 10 % Ethanol-Beimischung
CO	Kohlenmonoxid		E100	reines Ethanol mit ca. 93 % Ethanol und 7 % Wasser
CO_2	Kohlendioxid			
COP	Coil On Plug		E24	Benzin mit ca. 24 % Ethanol-Beimischung
COS	Communication Security Access, Kommunikation Wegfahrsperre		E5	Benzin mit bis zu 5 % Ethanol-Beimischung
COU	Communication User Interface, Kommunikationsschnittstelle		E85	Benzin mit bis zu 85 % Ethanol-Beimischung
COV	Communication Vehicle Interface, Datenbuskommunikation		EA	Elektrodenabstand
			EAF	Exhaust System Air Fuel Control, λ-Regelung
cov	Variationskoeffizient			
CPC	Condensation Particulate Counter		ECE	Economic Commission for Europe
CPU	Central Processing Unit, Zentraleinheit			

ECT	Exhaust System Control of Temperature, Abgastemperatur-regelung
ECU	Electronic Control Unit, elektronisches Steuergerät
ECU	Electronic Control Unit, Motor-steuergerät
eCVT	electrical Continuously Variable Transmission
EDM	Exhaust System Description and Modeling, Beschreibung und Modellierung Abgassystem
EEPROM	Electrically Erasable Programmable Read Only Memory, löschbarer programmierbarer Nur-Lese-Speicher
E_F	Funkenenergie
EFU	Einschaltfunkenunterdrückung
EGAS	Elektronisches Gaspedal
1D	eindimensional
EKP	Elektrische Kraftstoffpumpe
ELPI	Electrical Low Pressure Impactor
EMV	Elektromagnetische Verträg-lichkeit
ENM	Exhaust System NO_x Main Catalyst, Regelung NO_x-Spei-cherkatalysator
EÖ	Einlassventil Öffnen
EOBD	European On Board Diagnosis – Europäische On-Board-Diagnose
EOL	End of Line, Bandende
EPA	US Environmental Protection Agency
EPC	Electronic Pump Controller, Pumpensteuergerät
EPROM	Erasable Programmable Read Only Memory, löschbarer und programmierbarer Festwert-speicher
ε	Verdichtungsverhältnis
ES	Exhaust System, Abgassystem
ES	Einlass Schließen

ESP	Elektronisches Stabilitäts-Pro-gramm
η_{th}	Thermischer Wirkungsgrad
ETBE	Ethyltertiärbutylether
ETF	Exhaust System Three Way Front Catalyst, Regelung Drei-Wege-Vorkatalysator
ETK	Emulator Tastkopf
ETM	Exhaust System Main Catalyst, Regelung Drei-Wege-Haupt-katalysator
EU	Europäische Union
(E)UDC	(extra) Urban Driving Cycle
EV	Einspritzventil
Exy	Ethanolhaltiger Ottokraftstoff mit xy % Ethanol
EZ	Elektronische Zündung

F

FEL	Fuel System Evaporative Leak Detection, Tankleckerkennung
FEM	Finite Elemente Methode
FF	Flexfuel
FFC	Fuel System Feed Forward Con-trol, Kraftstoff-Vorsteuerung
FFV	Flexible Fuel Vehicles
FGR	Fahrgeschwindigkeitsregelung
FID	Flammenionisations-Detektor
FIT	Fuel System Injection Timing, Einspritzausgabe
FLO	Fast-Light-Off
FMA	Fuel System Mixture Adapta-tion, Gemischadaption
FPC	Fuel Purge Control, Tank-entlüftung
FS	Fuel System, Kraftstoffsystem
FSS	Fuel Supply System, Kraftstoff-versorgungssystem
FT	Resultierende Kraft
FTIR	Fourier-Transform-Infrarot
FTP	Federal Test Procedure
FTP	US Federal Test Procedure
F_z	Kolbenkraft des Zylinders

G

GC   Gaschromatographie
g/kWh   Gramm pro Kilowattstunde
°KW   Grad Kurbelwelle

H

H_2O Wasser, Wasserdampf
HC   Hydrocarbons, Kohlenwasserstoffe
HCCI   Homogeneous Charge Compression Ignition
HD   Hochdruck
HDEV   Hochdruck Einspritzventil
HDP   Hochdruckpumpe
HEV   Hybrid Electric Vehicle
HFM   Heißfilm-Luftmassenmesser
HIL   Hardware in the Loop, Hardware-Simulator
HLM   Hitzdraht-Luftmassenmesser
H_o spezifischer Brennwert
H_u spezifischer Heizwert
HV   high voltage
HVO   Hydro-treated-vegetable oil
HWE   Hardware Encapsulation, Hardware Kapselung

I

i_1 Primärstrom
IC   Integrated Circuit, integrierter Schaltkreis
i_F Funken(anfangs)strom
IGC   Ignition Control, Zündungssteuerung
IKC   Ignition Knock Control, Klopfregelung
i_N Nennstrom
IPE   Innere Pumpen Elektrode
IR   Infrarot
IS   Ignition System, Zündsystem
ISO   International Organisation for Standardization, Internationale Organisation für Normung
IUMPR   In Use Monitor Performance Ratio, Diagnosequote im Fahrzeugbetrieb

IUPR   In Use Performance Ratio
IZP   Innenzahnradpumpe

J

JC08   Japan Cycle 2008

K

κ Polytropenexponent
Kfz   Kraftfahrzeug
kW   Kilowatt

L

λ Luftzahl oder Luftverhältnis
L_1 Primärinduktivität
L_2 Sekundärinduktivität
LDT   Light Duty Truck, leichtes Nfz
LDV   Light Duty Vehicle, Pkw
LEV   Low Emission Vehicle
LIN   Local Interconnect Network
l_l Schubstangenverhältnis (Verhältnis von Kurbelradius r zu Pleuellänge l)
LPG   Liquified Petroleum Gas, Flüssiggas
LPV   Low Price Vehicle
LSF λ-Sonde flach
LSH λ-Sonde mit Heizung
LSU   Breitband-λ-Sonde
LV   Low Voltage

M

(M)NEFZ   (modifizierter) Neuer Europäischer Fahrzyklus
M100   Reines Methanol
M15   Benzin mit Methanolgehalt von max. 15 %
MCAL   Microcontroller Abstraction Layer
M_d Das effektive Drehmoment an der Kurbelwelle
ME   Motronic mit integriertem EGAS
Mi Innerer Drehmoment
Mk Kupplungsmoment

m_K	Kraftstoffmasse
m_L	Luftmasse
MMT	Methylcyclopentadienyl-Mangan-Tricarbonyl
MO	Monitoring, Überwachung
MOC	Microcontroller Monitoring, Rechnerüberwachung
MOF	Function Monitoring, Funktionsüberwachung
MOM	Monitoring Module, Überwachungsmodul
MOSFET	Metal Oxide Semiconductor Field Effect Transistor, Metall-Oxid-Halbleiter, Feldeffekttransistor
MOX	Extended Monitoring, Erweiterte Funktionsüberwachung
MOZ	Motor-Oktanzahl
MPI	Multiple Point Injection
MRAM	Magnetic Random Access Memory, magnetischer Schreib-Lese-Speicher mit wahlfreiem Zugriff
MSV	Mengensteuerventil
MTBE	Methyltertiärbutylether

N

n	Motordrehzahl
N_2	Stickstoff
N_2O	Lachgas
ND	Niederdruck
NDIR	Nicht-dispersives Infrarot
NE	Nernst-Elektrode
NEFZ	Neuer europäischer Fahrzyklus
Nfz	Nutzfahrzeug
NGI	Natural Gas Injector
NHTSA	US National Transport and Highway Safety Administration
NMHC	Kohlenwasserstoffe außer Methan
NMOG	Nonmethane Organic Gas, Kohlenwasserstoffe außer Methan
NO	Stickstoffmonoxid

NO_2	Stickstoffdioxid
NOCE	NO_x-Gegenelektrode
NOE	NO_x-Pumpelektrode
NO_x	Sammelbegriff für Stickoxide
NSC	NO_x Storage Catalyst
NTC	Temperatursensor mit negativem Temperaturkoeffizient
NYCC	New York City Cycle
NZ	Nernstzelle

O

OBD	On-Board-Diagnose
OBV	Operating Data Battery Voltage, Batteriespannungserfassung
OD	Operating Data, Betriebsdaten
OEP	Operating Data Engine Position Management, Erfassung Drehzahl und Winkel
OMI	Misfire Detection, Aussetzererkennung
ORVR	On Board Refueling Vapor Recovery
OS	Operating System, Betriebssystem
OSC	Oxygen Storage Capacity
OT	oberer Totpunkt des Kolbens
OTM	Operating Data Temperature Measurement, Temperaturerfassung
OVS	Operating Data Vehicle Speed Control, Fahrgeschwindigkeitserfassung

P

p	Die effektiv vom Motor abgegebene Leistung
p-V-Diagramm	Druck-Volumen-Diagramm, auch Arbeitsdiagramm
PC	Passenger Car, Pkw
PC	Personal Computer
PCM	Phase Change Memory, Phasenwechselspeicher
PDP	Positive Displacement Pump
PFI	Port Fuel Injection

Pkw	Personenkraftwagen		tembeschreibung
PM	Partikelmasse	SDE	System Documentation Engine
PMD	Paramagnetischer Detektor		Vehicle ECU, Systemdokumen-
p_{me}	Effektiver Mitteldruck		tation Motor, Fahrzeug, Motor-
p_{mi}	mittlerer indizierter Druck		steuerung
PN	Partikelanzahl (Particle	SDL	System Documentation Libra-
	Number)		ries, Systemdokumentation
PP	Peripheralpumpe		Funktionsbibliotheken
ppm	parts per million, Teile pro Mil-	SEFI	Sequential Fuel Injection,
	lion		Sequentielle Kraftstoff-
PRV	Pressure Relief Valve		einspritzung
PSI	Peripheral Sensor Interface,	SENT	Single Edge Nibble Transmis-
	Schnittstelle zu peripheren Sen-		sion, digitale Schnittstelle für
	soren		die Kommunikation von Senso-
Pt	Platin		ren und Steuergeräten
PWM	Puls-Weiten-Modulation	SFTP	US Supplemental Federal Test
PZ	Pumpzelle		Procedures
P_Z	Leistung am Zylinder	SHED	Sealed Housing for Evaporative
			Emissions Determination
R		SMD	Surface Mounted Device, ober-
r	Hebelarm (Kurbelradius)		flächenmontiertes Bauelement
R_1	Primärwiderstand	SMPS	Scanning Mobility Particle Sizer
R_2	Sekundärwiderstand	SO_2	Schwefeldioxid
RAM	Random Access Memory,	SO_3	Schwefeltrioxid
	Schreib-Lese-Speicher mit	SRE	Saugrohreinspritzung
	wahlfreiem Zugriff	SULEV	Super Ultra Low Emission
RDE	Real Driving Emission		Vehicle
RE	Referenz Electrode		
RLFS	Returnless Fuel System	SWC	Software Component, Software
ROM	Read Only Memory, Nur-Lese-		Komponente
	Speicher	SYC	System Control ECU, System-
ROZ	Research-Oktanzahl		steuerung Motorsteuerung
RTE	Runtime Environment, Lauf-	SZ	Spulenzündung
	zeitumgebung		
RZP	Rollenzellenpumpe	**T**	
		TCD	Torque Coordination, Momen-
S			tenkoordination
s	Hubfunktion	TCV	Torque Conversion, Momenten-
σ	Standardabweichung		umsetzung
SC	System Control, System-	TD	Torque Demand, Momentenan-
	steuerung		forderung
SCR	selektive katalytische Reduktion	TDA	Torque Demand Auxiliary
SCU	Sensor Control Unit		Functions, Momentenanforde-
SD	System Documentation, Sys-		rung Zusatzfunktionen

TDC	Torque Demand Cruise Control, Fahrgeschwindigkeitsregler		**V**	
			V_c	Kompressionsvolumen
TDD	Torque Demand Driver, Fahrerwunschmoment		VFB	Virtual Function Bus, Virtuelles Funktionsbussystem
TDI	Torque Demand Idle Speed Control, Leerlaufdrehzahlregelung		V_h	Hubvolumen
			VLI	Vapour Lock Index
			VST	Variable Schieberturbine
TDS	Torque Demand Signal Conditioning, Momentenanforderung Signalaufbereitung		VT	Ventiltrieb
			VTG	Variable Turbinengeometrie
			VZ	Vollelektronische Zündung
TE	Tankentlüftung			
TEV	Tankentlüftungsventil		**W**	
t_F	Funkendauer		W_F	Funkenenergie
THG	Treibhausgase, u. a. CO_2, CH_4, N_2O		WLTC	Worldwide Harmonized Light Vehicles Test Cycle
t_i	Einspritzzeit		WLTP	Worldwide Harmonized Light Vehicles Test Procedure
TIM	Twist Intensive Mounting			
TMO	Torque Modeling, Motordrehmoment-Modell		**X**	
TPO	True Power On		XCP	Universal Measurement and Calibration Protocol – universelles Mess- und Kalibrierprotokoll
TS	Torque Structure, Drehmomentstruktur			
t_s	Schließzeit			
TSP	Thermal Shock Protection		**Z**	
TSZ	Transistorzündung		ZEV	Zero Emission Vehicle
TSZ, h	Transistorzündung mit Hallgeber		ZOT	Oberer Totpunkt, an dem die Zündung erfolgt
TSZ, i	Transistorzündung mit Induktionsgeber		ZrO_2	Zirconiumoxid
TSZ, k	kontaktgesteuerte Transistorzündung		ZZP	Zündzeitpunkt

U

U/min	Umdrehungen pro Minute
U_F	Brennspannung
ULEV	Ultra Low Emission Vehicle
UN ECE	Vereinte Nationen Economic Commission for Europe
U_P	Pumpspannung
UT	Unterer Totpunkt
UV	Ultraviolett
U_Z	Zündspannung

Sachwortverzeichnis

Printed in the United States
By Bookmasters